建筑设计中的美学研究

耿真真　陈肃明　顾晶彪 ◎ 著

吉林出版集团股份有限公司

图书在版编目（CIP）数据

建筑设计中的美学研究 / 耿真真，陈肃明，顾晶彪著. — 长春 : 吉林出版集团股份有限公司，2022.9

ISBN 978-7-5731-2327-5

Ⅰ. ①建… Ⅱ. ①耿… ②陈… ③顾… Ⅲ. ①建筑美学—研究 Ⅳ. ①TU-80

中国版本图书馆 CIP 数据核字 (2022) 第 175515 号

建筑设计中的美学研究

著　　者　耿真真　陈肃明　顾晶彪
责任编辑　白聪响
封面设计　林　吉
开　　本　787mm×1092mm　　1/16
字　　数　220 千
印　　张　10
版　　次　2022 年 9 月第 1 版
印　　次　2022 年 9 月第 1 次印刷

出版发行　吉林出版集团股份有限公司
电　　话　总编办：010-63109269
　　　　　发行部：010-63109269
印　　刷　廊坊市广阳区九洲印刷厂

ISBN 978-7-5731-2327-5　　定价：68.00 元

前　言

在以前生活水平低下的年代，人们对房屋建筑的要求只有一个，那就是能够遮风挡雨。但随着社会的进步，人们的生活质量提高了许多，对建筑的要求也不再单一化，而是增添了许多外观因素的要求，比如要求房屋的建筑要有特色、要美观，而且房屋的坐落位置也要有优势。建筑是伴随人类社会始终的一个行业，它随着人类社会的发展也不断变化发展，不同国家的建筑有不同的国家特色，因为有特色而拥有独特的魅力，吸引着那些为建筑而着迷的人而不断地探索和实现更美、更有特色的建筑。在当今社会，建筑设计和美学的有机结合成为人们探索的重要实践课题，两者息息相关，相辅相成，为现代社会创造出一个又一个令人叹为观止的伟大建筑。

本书从现代建筑设计出发，首先具体分析了建筑概述、建筑设计的特点和原理，其次阐述了房屋建筑设计、工业建筑设计、绿色建筑的设计等内容，最后探索和分析了建筑设计和美学相结合的影响和作用，以及通过将美学思想与现代建筑设计有效融合的方式，在切实提升当前建筑美感的同时，为城市的美化提供助力，希望能够给读者带来启发。

本书在撰写的过程中参考了一些专家、学者的研究成果和著作，在此表示衷心的感谢。由于时间仓促，笔者水平有限，书中不足之处在所难免，希望广大读者、专家批评指正。

目 录

第一章　绪　论

第一节　建筑认知

一、什么是建筑

1. 建筑及其范围

《易 · 系辞》中说“上古穴居而野处”，意思是旧石器时代的先人们利用大自然的洞穴作为自己居住的处所，原始人为了遮风挡雨、确保安全而构筑的巢穴空间可以被看作建筑的起源。随着阶级的产生，出现了宫殿、别墅、陵墓、神庙等建筑形式，由于生产力的发展，出现了商铺、工厂、银行、学校、火车站等建筑，而随着社会的不断发展，我们的身边出现了越来越多的新型建筑。

尼罗河东岸埃及卢克索神庙，是古埃及第十八王朝的第十九个法老艾米诺菲斯三世为祭奉太阳神阿蒙、他的妃子及儿子月亮神而修建的。

春秋末期齐国人编撰的《考工记》根据周礼对王城的营建与王宫的布局做了论述，书中说：“匠人营国，方九里，旁三门。国中九经九纬，经涂九轨。左祖右社，面朝后市。”意思是王城每面边长九里，各有三个城门。城内纵横各有九条道路，每条道路宽度为“九轨”（一轨为八尺）。王宫居中，左侧为宗庙，右侧为社庙，前面是朝会之处，后面是市场。

英国伦敦的千年穹顶（Millennium Dome），位于泰晤士河边格林尼治半岛上，是英国为庆祝千禧年而建的标志性建筑，由理查德 · 罗杰斯事务所设计。

屋顶与柱、墙围成的空间成为住宅。廊道与房屋围成的空间称为庭院，这些空的部分供人们生活使用。

总的来说，建筑是构建一种人为的环境，为人们从事各种活动提供适宜的场所：起居、休息、用餐、购物、上课、科研、开会、就医、阅览、体育活动以及生产劳动等等，都是在建筑中完成的，建筑是所有建筑物和构筑物的总称。因此建筑学的学习，必然要涉及诸多方面的知识。

近现代建筑理论认为，建筑的本质就是空间，正是由于建筑通过各种方式围合出可供人们活动和使用的空间，建筑才有了重要的意义，这一点我国古代的思想家老子在他的著作《道德经》第十一章里也有提及：“凿户牖以为室，当其无，有室之用。故，有之以为利，无之以为用。”意思是说开凿门窗建造造房屋，有了门窗、四壁中空的空间，才有房屋的作用。所以“有”（门窗、墙、屋顶等实体）所给人们的“利”（利益、功利），是通过“无”（即所形成的空间）起作用的。

圣马可广场被拿破仑称为“欧洲最美丽的客厅”，是世界建筑史上城市开放空间设计的重要范例。

建筑除了有内部的“无”空间，其自身还存在于周围的外部空间，比如街道广场、城市公园、河道等。这些外部空间受建筑与建筑、建筑与环境之间关系的影响，对于人们的生产生活也具有重要的意义。特别是对于建筑密度较高的城市来说，建筑外部空间与建筑内部空间的重要性是一样的，设计高质量的建筑外部空间也是建筑师重要的工作内容之一。

美国纽约中央公园位于曼哈顿区，是世界上著名的城市公园之一，是美国景观设计之父奥姆斯特德的代表作。

街道空间是城市生活重要的组成部分，也是同建筑关系最为紧密的外部空间之一。

在我们的生活里也有一些特殊的建筑物，比如纪念碑、桥梁、水坝、城市标志物等，对于城市环境也有着重要的价值。

“廊桥”就是有屋檐的桥，可供旅行的人休息躲避风雨。

2. 建筑的基本属性

同样是供人居住的住宅，为什么会呈现出不同的样貌呢？可见建筑是复杂而多变的，同社会发展水平与生活方式、科学技术水平与文化艺术特征、人们的精神面貌与审美需要等有着密切地关系。

古罗马的建筑工程师维特鲁威在他著名的《建筑十书》中提出了美好的建筑需要满足“坚固、适用、美观”这三个标准，这些准则几千年来得到了人们的认可，归纳起来一个建筑应该有以下基本属性：

第一，建筑具有功能性。一个建筑最重要的功能性表现在要为使用者提供安全坚固并能满足其使用需要的构筑物与空间，其次建筑也要满足必要的辅助功能需要，比如建筑要应对城市环境和城市交通问题，要合理降低能耗的问题等。功能性是建筑最重要的特征，它赋予了建筑基本的存在意义和价值。

荷兰画家伦勃朗（Rembrandt）的作品“木匠家庭”，现存于罗浮宫中。人们的使用赋予了建筑更多的意义，昏暗的房间因使用者的出现而富有生机，画面通过光线表达，加强了使用功能与建筑之间的对话关系。

第二，建筑具有经济性。维特鲁威提出的“坚固、适用”其实就是经济性的原则。在几乎所有的建筑项目中，建筑师都必须认真考虑，如何通过最小的成本付出来获得相对较高的建筑质量，实用和节俭的建筑并不意味着低廉，而是一种经济代价与获得价值的匹配和对应。丹麦建筑师伍重设计的悉尼歌剧院是一个有趣的实例，从1957年方案设计开始到1973年建成，为了让这组精美的薄壳建筑能够满足合理的功能并在海风中稳固矗立，澳大利亚人投入相当于预算14倍多的建设资金，工程过程也是起伏颇多。悉尼歌剧院是一座典型的昂贵的建筑，它的昂贵之所以最终能被世人所接受和认可，源于它为城市做出了不可替代的卓越贡献。这个例子也说明，经济性是一个综合的问题，需要统筹考虑造价以及各种价值，但总的来说，并不是每个建筑都会如此幸运成为国家标志，对大量的建筑而言，经济性因素的考虑仍然是非常重要的。

在方案竞标结束6年之后，工程师才找到采用预制预应力Y形、T形混凝土肋骨拼接的办法来实现白色的薄壳造型，但这也导致预算的大幅度增加。

第三，建筑具有工程技术性。所谓工程技术性，就意味着建筑需要通过物质资料和工程技术去实现，每个时代的建筑都反映了当时的建筑材料与工程技术的发展水平。以下是三个划时代的建筑：

古罗马人建造的万神庙以极富想象力的建筑手段淋漓尽致地呈现了一个充满神性的空间，巨大的穹顶归功于古罗马人发明的火山灰混凝土以及拱券技术；

英国为万国工业博览会而建的展馆建筑“水晶宫”能够快速建成得益于采用了玻璃与铁作为主要建材，它的出现标志着西方建筑从工业革命开始进入了一个全新的阶段；

1851年落成，从奠基开始不到6个月的时间就完成了建造，设计者为园艺师约瑟夫·帕克斯顿（Joseph Paxton）。

第四，建筑具有文化艺术性。建筑或多或少地反映出当地的自然条件和风土人情，建筑的文化特征将建筑与本土的历史与人文艺术紧密相连。文化性赋予建筑超越功能性和工程性的深层内涵，它使得建筑可以因当地文化与历史的脉络，让建筑获得可识别性与认同感、拥有打动人心的力量。文化性是使得建筑能够区别彼此的最为深刻的原因。

在西班牙梅里达小城内的罗马艺术博物馆设计中，建筑师莫内欧（Rafael Moneo）以巨大的连续拱券和建筑侧边高窗采光的手法，唤起了参观者对于古罗马时代的美好追忆，红砖优雅的纹理与古老遗迹交相呼应，现代与远古在一个空间里和谐共生，建筑以简单而朴素的方式表达了对于历史文化的尊重。

二、建筑的分类

我国建筑分为民用建筑、工业建筑和农业建筑，其中，民用建筑又分为居住建筑与公共建筑。

居住建筑，包括了独立式住宅、公寓、里弄住宅等。

公共建筑涵盖的范围比较广泛，除了居住建筑以外的其他民用建筑，都可以被视为公共建筑，比如体育类建筑、教育类建筑、文化类建筑、商业类建筑等等。

建筑物按高度或层数划分为低层建筑、多层建筑、高层建筑和超高层建筑，其具体标准为：

低层建筑是指高度小于或等于10米的建筑，低层居住建筑为一层至三层。多层建筑是指高度大于10米、小于24米的建筑，多层居住建筑为四层至九层（其高度大于10米，小于28米）。高层建筑是指高度大于或等于24米，高层居住建筑为九层以上（不含九层，其高度大于或等于28米，小于100米）。超高层建筑是指高度大于或等于100米的建筑。

三、建筑的构成要素

不管是哪种建筑，一般来说都是由以下要素构成的：建筑功能、建筑空间、建筑技术与建筑形象。

1. 建筑功能

就是对于人们物质和精神生活需要的满足。建筑一方面要满足人体活动的生理与心理要求，另一方面要满足各种活动的要求以及人流组织要求。美国建筑师赖特（Frank Lloyd Wright）设计的流水别墅（The Falling Water）就是很好的例子，合理地内外部空间设计满足了使用者生活的各种基本需要：将起居室、餐厅等家庭公共活动空间安排在一层，卧室等分布在二三层，这样确保了卧室的私密性要求；餐厅与厨房因为联系紧密所以建筑师在室内采用了很多天然材料，比如石材、实木等，呼应并提升了建筑的主题与意象，放置在一起，方便主人使用；考虑客厅的接待和家庭的社交需要，室外连接着宽大的露天观景台，内外空间相互贯通，设计师巧妙地利用地形和天然材料营造了与自然和谐共生的艺术气氛，让居住者和来访者在建筑中都可以获得极强的心理愉悦感。

2. 建筑空间

建筑空间从本质上可以被认为是人们通过各种手段（比如墙、楼板等）从自然界无限的空间中划分出来的，是自然空间的一部分，但是通过建筑手段围合的空间，其性质与自然界空间有了根本上的区别，人们通过改变空间各个围合界面来调整空间的形状，体积、明暗、色彩和空间感受。建筑空间的营造是建筑师需要掌握的最重要的设计能力之一。

3. 建筑技术

是指建筑用什么材料和什么方法去建造，一般包括建筑的结构、材料、建筑设备和施工技术。

（1）建筑结构

主要是指建筑用什么样的承重体系进行建造，主要包括木结构、砖木结构、砖混结构、钢筋混凝土结构、钢结构等。木结构主要是以木柱、木屋架为主要承重结构的建筑，比如中国古代建筑以木结构为主；砖木结构是指以砖墙和木屋架为主要承重结构的建筑，大多数农村的屋舍采用这种结构，容易备料并且费用较低；砖混结构是以砖墙、钢筋混凝土楼板和屋顶为主要承重构件的建筑，目前我国大部分住宅都是采用这种结构类型，但是砖混结构的抗震能力较差；钢筋混凝土结构主要的承重构件包括梁、板和柱，主要应用于公共建筑、工业建筑和高层住宅中；钢结构的主要承重构件是钢材，自重轻、跨度大，并且可以回收利用，特别适合大型的公共建筑。除此之外，人们还经常使用一些特殊的结构形式，比如膜结构，膜结构是指以建筑织物的张拉为主的结构形式，造型独特，通常成为大跨度空间结构的主要形式，经常应用在商业或体育设施、景观小品中。无论哪一种结构体系，都要把重量传递给土壤。如果把建筑当作人体来看的话，结构就是骨架，它决定着建筑是否安全、牢固和耐久，合理的建筑结构意味着它们不仅仅具有良好的刚度和柔韧度，更具有高经济性价比，独特的结构也往往是建筑的设计出发点。

南禅寺位于山西省五台县西南李家庄，重建于公元 782 年，是我国现存最古老的一座唐代木结构建筑，也是亚洲最古老的木结构建筑。

屋盖采用圆球形的张力膜结构，膜面支承在 72 根辐射状的钢索上，建筑面积大约 20 万平方米，是英国政府为了迎接 21 世纪而兴建的标志性建筑。

（2）建筑材料

建筑材料就好像皮肤一样，对建筑起着保护作用，并帮助建筑展现出不同的外观和风格。建筑材料可分为天然（比如石材、木材等）与非天然（比如铝合金材料、玻璃等）两种，对于越来越多的建筑师来说，建筑材料的意义已经远远超越了材料本身，材料在塑造建筑空间、体现建筑文化和设计思想方面也有非常重要的作用。例如，混凝土在“金贝尔美术馆”中展现出细腻、简约和稳重的文化气质，而在“光之教堂”里则呈现出纯净和专一的宗教气氛。材料可以用来表达不同的建筑风格。

（3）建筑设备

建筑设备包括了各种暖通空调设备、强弱电设备、照明设备、给排水设施、智能化控制设备、电梯等等，各种建筑设备就像人体内的血管和器官一样，影响着建筑内外的空间环境质量，影响着建筑的能耗情况，并密切关系到建筑是否可以健康运行。

施工技术是指用什么方法去实现建筑师的设计、用什么样的手段来完成和组织建筑的营建、安装、调试。其中，机械化、工业化的预制建筑构件生产以及模数化的建造方式极大地提高了建设的效率，促进了建筑产业的发展。

4. 建筑形象

建筑形象即是建筑的外观，具有良好审美观感的建筑形象对于建筑自身以及所在的城市环境都有积极的意义。建筑师可以通过处理建筑空间和体量、建筑实体的色彩和质感、建筑的光影效果等来获得良好的建筑形象。不同的建筑师是如何塑造建筑形象的：古根海姆博物馆，流动的建筑形体和强反光表面材料十分抢眼，呈现出一种迷幻、张扬、强烈的艺术氛围，成为其城市的新标志；华盛顿国家美术馆东馆，建筑形体通过三角形几何图案转化与严格的轴线控制进行组织，明暗虚实对比强烈，塑造了端庄稳重的建筑形象；戴 · 穆瓦内艺术中心，外观颜色以素雅的白色为主，轻盈灵动的建筑体块统一在方格网的和谐秩序里，建筑物阴影变化丰富，建筑物呈现出安静优雅又不失活泼的形象。在进行建筑外观设计的时候，建筑师应该注意遵循形式美的基本原则，它包括了比例、尺度、均衡、韵律、对比等。

以上四种要素之间的关系是辩证统一的，建筑师通过这四种要素来认识和了解建筑，并在设计的时候对上面四点有重点地统筹考虑。

第二节　建筑的表达

提起建筑，很多人都听过这样一句话：建筑是凝固的音乐。这句话是从艺术的角度来阐述建筑和音乐有很多共同的特性，诸如寻求和谐、讲究比例和追求完美。

建筑的艺术美主要表现在比例与秩序、韵律与节奏、实与虚、空旷与狭小所产生的形式美，这与音乐是相通的。所以说音乐就是时间上的建筑，建筑也就是空间上的音乐。

作曲家靠乐谱来创作、记录乐曲，乐谱的识读有自己的一套体系，同样，建筑师们也需要一种形式来表达自己的设计意图、推敲自己的设计方案，需要在更广泛的空间和时间内与各种各样的人进行交流，建筑的表达也必须有一套供大家共同遵守的体系，这就是建筑图纸的表达。

一、建筑的表达形式

对于建筑人员来说，一方面需要掌握正确地绘制专业的建筑工程图纸，这部分内容主要包括建筑的总平面图、平面图、立面图和剖面图。这些图纸对表达的准确性有较高的要求，因此我们应该养成规范制图的好习惯。作为设计单位提交的用以施工的工程图纸，要求有严格的范式，必须清楚地交代建筑各部分设计与建造的逻辑和方法，其上应该标注准确的尺寸，目前在实际建筑设计工作中，这部分图纸是通过计算机软件帮助绘制的。作为建筑学课堂上设计分析和交流所用的工程图，则要求没有那么严格，但是也应该正确反映真实的建筑比例、尺度和设计构想，严格按照图纸表达方式绘制，因此要求学生利用尺规等工具帮助作图。另一方面，在设计过程中，还需要绘制各种具有艺术表现力的图纸，以更形象地说明设计内容，为讲述方便，统称为建筑画。

一幅具有表现力的建筑画，应让人感到设计的意图和空间的艺术，是建筑实体或者建筑设计方案的具体直观的表达，所以需要用写实的手法。

建筑画有时是教师和学生之间的交流工具，有时是建筑师和业主之间的交流工具，而更为重要的是它是建筑师同自己交流的工具。与画家和雕塑家的创作过程不同，画家和雕塑家可以在创作的一开始就进入了形成最终作品的过程，他们可以不断地生产艺术作品而较少地受到他人和环境的限制，而建筑师的创作要经过一个长时间的过程，要和各种专业人员合作，等到建筑真正建起来后，才可以算完成一个作品。在这个过程中，建筑画是阶段性的创作成果，是建筑的一个临时替代物。根据这个替代物，参加建筑设计和生产的各方人员，包括业主和建筑师都可以考察、评价、选择和修改设计方案。建筑是目的，而建筑画是工具。

建筑平面图是房屋的水平剖视图，也就是用一个假想的水平面，在窗台之上剖开整幢房屋，移去处于剖切面上方的房屋将留下的部分按俯视方向在水平投影面上作正投影所得到的图样。建筑立面图是在与房屋立面相平等的投影面上所做的正投影。建筑剖面图是房屋的垂直剖视图，也就是用个假想的平行于正立投影面或侧立投影面的竖直剖切面剖开房屋，移去剖切平面与观察者之间的房屋，将留下的部分按剖视方向投影面做正投影所得到的图样。

表 1-1 建筑画与美术画比较

	建筑画	美术画
宗旨	建筑师的语言，表达建筑形象	画家的艺术创作，现实生活的艺术化
目的	有助于做出设计方案的比较，征询意见修改和送领导机关审批	艺术创作表达与欣赏
要求	准确、真实地反映建筑风貌	对现实事物进行艺术的再加工
表现技法	准确、真实地反映建筑风貌线条图、渲染图及两者的结合等	素描、油画、水彩、水粉等

二、建筑图纸表达

我们通常所提到的建筑图纸的表达方式一般是施工图用的方法和基本的图表。施工图为了标准化和效率化，表达必须清楚准确，而且不论是谁画的，表达方法都是相通的。

1. 投影知识

在日常生活中可以看到如灯光下的物影、阳光下的人影等，这些都是自然界的一种投影现象。在工业生产发展的过程中，为了解决工程图样的问题，人们将影子与物体关系通过几何抽象形成了“投影法”。

投影法就是投射线通过物体，向选定的面投射，并在该面上得到被投射物体图形的方法。

投影法通常分为两大类，即中心投影法和平行投影法。其中平行投影又包括斜投影和正投影。

2. 总平面图

（1）总平面图的概念

建筑总平面图简称总平面图，反映建筑物的位置、朝向及其与周围环境地关系。

（2）总平面图的图纸内容

1）单体建筑总平面图的比例一般为 1∶500，规模较大的建筑群可以使用 1∶1000

的比例，规模较小的建筑可以使用 1：300 的比例。

2）总平面图中要求表达出场地内的区域布置

标清场地的范围（道路红线、用地红线、建筑红线）。

3）反映场地内的环境（原有及规划的城市道路或建筑物，需保留的建筑物、古树名木、历史文化遗存、需拆除的建筑物）。

4）拟建主要建筑物的名称、出入口位置、层数与设计标高，以及地形复杂时主要道路、广场的控制标高。

5）指北针或风玫瑰图。

6）图纸名称及比例尺。

3. 平面图

建筑平面图是房屋的水平剖视图，也就是用一个假想的水平面（一般是以地坪以上 1.2 米高度），在窗台之上剖开整幢房屋，移去处于剖切面上方的房屋将留下的部分按俯视方向在水平投影面上做正投影所得到的图样。建筑平面图主要用来表示房屋的平面布置情况。建筑平面图应包含被剖切到的断面、可见的建筑构造和必要的尺寸、标高等内容。

（1）图名、比例、朝向

1）设计图上的朝向一般都采用“上北 - 下南 - 左西 - 右东”的规则；

2）比例一般采用 1：100、1：200、1：50 等。

（2）墙、柱的断面，门窗的图例，各房间的名称

1）墙的断面图例；

2）柱的断面图例；

3）门的图例；

4）窗的图例；

5）各房间标注名称，或标注家具图例，或标注编号，在说明中注明编号代表的内容。

（3）其他构配件和固定设施的图例或轮廓形状。

除墙、柱、门和窗外，在建筑平面图中，还应画出其他构配件和固定设施的图例或轮廓形状。如楼梯、台阶、平台、明沟、散水、雨水管等的位置和图例，厨房、卫生间内的一些固定设施和卫生器具的图例或轮廓形状。

（4）必要的尺寸、标高，室内踏步及楼梯的上下方向和级数

1）必要的尺寸包括：房屋总长、总宽，各房间的开间、进深，门窗洞的宽度和位置，墙厚等。

2）在建筑平面图中，外墙应注上三种尺寸。最靠近图形的一道，是表示外墙的开窗等细部尺寸；第二道尺寸主要标注轴线间的尺寸，也就是表示房间的开间或进深的尺寸；最外的一道尺寸，表示这幢建筑两端外墙面之间的总尺寸。

3）在底层平面图中，还应标注出地面的相对标高，在地面有起伏处，应画出分界线。

（5）有关的符号

1）平面图上要有指北针（底层平面）；

2）在需要绘制剖面图的部位，画出剖切符号。

4. 立面图

建筑立面图是在与房屋立面相平等的投影面上所做的正投影。建筑立面图主要用来表示房屋的体形和外貌、外墙装修、门窗的位置与形状，以及遮阳板、窗台、窗套、檐口、阳台、雨棚、雨水管、勒脚、平台、台阶、花坛等构造和配件各部分的标高和必要地尺寸。

（1）图名和比例：比例一般采用 1：50，1：100，1：200；

（2）房屋在室外地面线以上的全貌，门窗和其他构配件的形式、位置，以及门窗的开户方向；

（3）表明外墙面、阳台、雨棚、勒脚等面层用料、色彩和装修做法；

（4）标注标高和尺寸：

1）室内地坪的标高为 ±0.000；

2）标高以米为单位，而尺寸以毫米为单位；

3）标注室内外地面、楼面、阳台、平台、檐口、门、窗等处的标高。

5. 剖面图

建筑剖面图是房屋的垂直剖面图，也就是用一个假想的平行于正立投影面或侧立投影面的竖直剖切面剖开房屋，移去剖切平面与观察者之间的房屋，将留下的部分按剖视方向投影面作正投影所得到的图样。一幢房屋要画哪几个剖面图，应按房屋的空间复杂程度和施工中的实际需要而定，一般来说剖面图要准确地反映建筑内部高差变化、空间变化的位置。建筑剖面图应包括被剖切到的断面和按投射方向可见的构配件，以及必要的尺寸、标高等。它主要用来表示房屋内部的分层、结构形式、构造方式、材料、做法、各部位间的联系及其高度等情况。

（1）剖面图的图纸内容

1）剖面应在高度和层数不同、空间关系比较复杂的部位，在底层平面图上表示相应剖切线；

2）图名、比例和定位轴线；

3）各剖切到的建筑构配件：

①画出室外地面的地面线、室内地面的架空板和面层线、楼板和面层；

②画出被剖切到的外墙、内墙，及这些墙面上的门、窗、窗套、过梁和圈梁等构配件的断面形状或图例，以及外墙延伸出屋面的女儿墙；

③画出被剖切到的楼梯平台和梯段；

④竖直方向的尺寸、标高和必要的其他尺寸。

（2）按剖视方向画出未剖切到的可见构配件：

1）剖切到的外墙外侧的可见构配件；

2）室内的可见构配件；

3）屋顶上的可见构配件。

（3）竖直方向的尺寸、标高和必要的其他尺寸。

三、建筑测绘

测绘是记录现存建筑的一种手段，测绘图一般作为原始资料，供整理、研究使用。“测绘”就是“测”与“绘”两个部分的工作内容组成：一是实地实物的尺寸数据的观测量取；二是根据测量数据与草图进行处理、整饰最终绘制出完备地测绘图纸。

1. 测绘的意义

（1）掌握测绘的基本方法

通过测绘，学习如何利用工具将建筑的信息测量下来，并且用建筑的语言绘制到图纸上。

（2）通过测绘将建筑的信息用图纸的方式保存下来一旦建筑的信息以图纸的形式保存下来，那么这栋建筑的信息就可以像文字一样在更广泛的时间和空间内进行传播和交流。

（3）建立尺度感

这个感觉既包括对于尺度准确的认知，也包括对于尺度正确的把握。

1）对于尺度准确的认知：举个简单的例子，比如有人说 1500mm，就是一个尺度，而这 1500mm 具体是多长，谁能正确地比划出来，就是尺度感的第一步，也就是对尺度有个准确的认知。

结构专业的下工地要有这样的尺度感觉：看到剖面就能估计到梁的高度、地板的厚度，误差应该在 10mm 以内；学室内设计的看毛坯房要有这样的尺度感觉：看房间的长宽，误差在 10cm 以内；看窗台高度和门窗洞口高宽，误差在 5cm 以内。

那么我们建筑专业对于尺度的把握要求到什么程度呢？

小到 1mm 是多少，大到几米是多少，都需要我们有个准确地把握。因为我们将来既会设计小到几厘米的线脚、装饰，也要设计大体量的建筑，甚至建筑群。

我们要有意识地训练自己对于尺度的把握，1cm 是多长？1m 是多长？在实际的生活中要有意识地去积累这样的认知。比如我们知道通常的门框高度在 2.1m 左右，这样通过比较门框高度与建筑室内空间高度的关系，我们可以大致揣度室内空间的尺度。在我们的生活里，到处都存在着类似“门框高度”这样的标尺，供我们去测量和计算建筑尺度。

2）对尺度有正确的把握：在对尺度有了准确的认知之后，我们还要能够进一步地对尺度有正确的把握。

也就是说，我们不仅仅能够画出 1500mm 有多长，还要知道 1500mm 的长度能干什么。比如，这是双人床适中的宽度，是 10 人餐桌的直径，是一个人使用的书桌舒服地长度。但是 1500mm 如果做双人走道就太小,如果做桌子又太高。

这就是对尺度正确的把握和使用。

综合以上的两点，对尺度有准确的认知，对尺度有正确的把握，就会有一个良好的尺度感。从上面的分析中我们也能体会到良好的尺度感对于建筑设计专业的人员来说是一项非常重要的技能。

有了良好的尺度感，就会避免设计出的空间过大而导致的浪费，也可以避免设计出的空间过于狭小而导致使用不方便。

3）如何建立尺度感

①有意识地积累掌握常用的建筑相关的基本尺寸。

常用的门的基本尺寸，比如一般单开门 900mm，大的 1000mm 也可以，住宅里最小的卫生间的门可以做到 700mm,再小使用就不方便了。

②有意识地掌握人体的基本尺度。

古代中国、古埃及、古罗马，不管是东方文化还是西方文化，最早的尺都来源于人体,因为人体各部分的尺寸有着规律。

我们用皮尺量一量拳头的周长,再量一下脚底长,就会发现,这两个长度很接近。所以,买袜子时,只要把袜底在自己的拳头上绕一下,就知道是否合适。

为父母或兄长量一量脚长和身高，你也许会发现其中的奥秘；身高往往是脚长的 7 倍。高个子要穿大号鞋,矮个人要穿小号鞋就是这个道理。侦查员常用这个原理来破案:海滩上留下了罪犯的光脚印,量一下脚印长是 25.7cm,那么,罪犯的身高大约是 179.9cm。

一般来说,两臂平伸的长度正好等于身高。

大多数人的大腿正面厚度和他的脸宽差不多。

大多数人肩膀最宽处等于他身高的 1/4。

人体的尺度和由人体的尺度为基础的人体工程学是很有意思的一门学问和建筑学专业密切相关。

③学会用自己的身体测量尺度,训练自己目测的能力。

如果我们知道了自己的高度、自己双臂展开指尖到指尖的距离、走一步的距离、手掌张开后的距离，那么我们就有了很多随身携带的尺子，可以丈量身边的尺寸。我们可以先进行目测,用眼睛估计一下某个距离,再用身体去量一量,久而久之,目测的能力自然就会提高。

（4）识图与制图

通过测绘这个单元的学习之后，我们就应该能够看懂专业的建筑图纸，并且能够按照建筑制图地要求绘制专业的建筑图纸。

2. 测绘工具

（1）测量工具

1）速写本

2）铅笔：2H、2B各一支

3）橡皮、削笔刀

4）5m钢卷尺

5）20m皮卷尺

6）花秆

7）指北针

8）卡尺

9）水平尺

10）垂球

（2）绘图工具

1）1号图板

2）1号卡纸2张

3）拷贝纸

4）削笔刀

5）糨糊

6）水桶

7）排刷

8）针管笔（一套）

9）三角板

10）丁字尺

11）标准计算纸

3. 测绘方法和步骤

（1）测绘的内容

建筑测量的内容包括建筑的总平面、平面、立面、剖面；图纸绘制除了以上内容以外，一般还要求绘制出轴测图。

（2）测绘的分工与组织

现场测量和绘图可以“组”为单位进行。每个小组选一个组长，负责具体安排每个小组成员的工作内容，控制小组测绘工作的进度，协调平衡每个组员的工作量，在遇到困难和问题的时候组织大家共同研究解决，更重要的是组织全体成员进行数据与图纸的核对、检查、整理直至最终完成正式图纸。

(3)测绘的步骤

1)绘制测量草图(总平面、平面、立面、剖面)

①测稿的意义

测量草图是我们日后绘制正式图纸的根据，是第一手的资料。草图的正确、准确和完整是最终测绘图纸可靠性的根本保障，所以绘制草图时必须本着一丝不苟的态度，不能凭主观想象勾画，或是含糊过去。

②测稿的绘制工具：速写本、铅笔、橡皮。

③测稿的要求

A. 比例适宜。比例过大，同一内容在同一张图纸上容纳不下；比例过小，则内容表达不清，给将来标注尺寸带来不便。

B. 比例关系正确。要求草图中的各个构件之间、各个组成部分与整体之间的比例及尺度关系与实物相同或基本一致。

C. 线条清晰。草图中的每一个线条都应力求准确、清楚，不含糊。修改画错线时，用橡皮擦掉重画，不要反复描画或加重、加粗。

D. 线型区分。应区分剖断线、可见线、轮廓线等几种基本线型，使线条粗细得当、区别明显以免混淆。

④测稿的核对与检查

草图全部绘制完成之后，全组成员应集中在一起进行全面地检查与核对。将草图与测绘对象进行对比，确定草图没有遗漏和错误之后才可以进行下一阶段的数据测量工作。

2)测量(总平面、平面、立面、剖面)

①测量的要求

量取数据和在草图上标注数据需要分工完成。在草图上标注数据的人最好是绘制该草图的人，因为他最清楚需要测量哪些数据。

②测量的工具

A. 皮卷尺。卷尺拉得过长时会因自身重力下坠倾斜，或受风的影响产生误差。

B. 钢卷尺(5m)。自备，人手一个，使用时注意安全，不要伤到自己和他人。

C. 梯子。使用时注意安全，有人使用时，下面要有同伴共同保护。

③测量和标注尺寸的注意事项

A. 测量工具摆放正确。测量工具摆放在正确的位置上，测量水平距离的时候，测量工具要保持水平；测量高度的时候，测量工具要保持垂直。尺子拉出很长的时候，要注意克服尺子因自身重力下垂或风吹动而造成的误差。

B. 读取数值时视线与刻度保持垂直。

C. 单位统一为毫米。

D. 尾数的读法。读取数值时精确到个位。尾数小于2时省去，大于8时进一位，2-8

之间按 5 读数。例如：实际测得的 437 读数为 435；测得的 259 读数为 260；测得的 302 读数为 300。

E. 尺寸标注。每个画到的部分都要进行标注。

F. 先测大尺寸，再测小尺寸。避免误差的多次累积。

3）测稿整理及正草图的绘制（总平面、平面、立面、剖面、轴测图）

①将记录有测量数据的测稿整理成具有合适比例的、清晰准确的工具草图，也就是正草图，作为绘制正式图纸的底稿。

②通过测稿的整理和正草的绘制，能够发现漏测的尺寸、测量中的错误、未交代清楚的地方。

③在立面、平面和剖面的基础上，绘制出轴测图。

④正草图上尺寸标注与测稿中尺寸标注存在差异。测稿中的每个画到的地方都要标注尺寸，这样才能准确地定位每一个点，画出正确地图纸。

⑤正草图中尺寸标注按照建筑图纸中的要求进行标注。

4. 正图的绘制

正图的绘制是测绘工作最后一个阶段，在前面各个阶段工作的基础上，产生最终的结果。

（1）图纸内容：总平面图（建议比例 1∶300），平面图（建议比例 1∶100），两个立面图（建议比例 1∶100），剖面图（建议比例 1∶100），轴测图（建议比例 1∶100）。

（2）排版样式美观合理。

第二章　建筑设计概述

第一节　认识建筑设计

一、建筑设计的概念与特征

设计意为在某个目的的前提下，根据限定的要求，制定某种实现目的的方法，以及确定最终结果地形象，设计是一个创作的过程，完成一件设计作品要有一定的程序，设计就是把一种想象的状态变成现实的操作过程。建筑设计有以下四个基本特征：

（一）建筑设计是一种创造性的思维劳动

建筑设计的创造性是人与建筑的特点属性所共同要求的，一方面建筑师面对的是多种多样的建筑功能和千差万别的地段环境，必须表现出充分的灵活开放性才能够解决具体问题与矛盾；另一方面，人们对建筑形象和建筑环境有着多品质和多样性的要求，只有依赖建筑师的创新意识和创造力才能把属纯物质层次的材料设备转化成为具有一定象征意义和情趣格调的真正意义上的建筑。

建筑设计作为一种高尚的创作活动，要求创作主体具有丰富的想象力和较高的审美能力、灵活开放的思维方式以及克服困难、挑战权威的决心与毅力。

（二）建筑设计是一门综合性学科

建筑设计是科学、哲学、艺术以及文化等各方面的综合，建筑的功能、技术、空间、环境等任何一方面，都需要建筑师掌握一定的相关知识，才能投入到自由的创作中去。因此，作为一名设计师，不仅是建筑物的主创者，更是各种现象与意见的协调者，由于涵盖层面的复杂性，建筑师除了具备一定的专业知识之外，必须对相关学科有着相当深的认识与了解，有广泛的知识积累才能做好本职工作。

（三）建筑设计的多元性、矛盾性、复杂性

建筑并不是独立存在的，它与世间万物有着千丝万缕的关系，为人类提供生存空间

的建筑包含着人的各种需求及各种人的需求，表现为建筑的多元性。建筑是由一个个结构系统、空间系统等构成的人类生活空间，在这里，各系统等构成了人类生活的空间，各系统的各个组成部分都具有独立的特性，并且在整体上呈现出众多的矛盾性，多重矛盾在建筑的整体中寻求统一和协调地过程亦构成建筑的复杂性。

（四）建筑设计社会性

建筑方案是由多个要素形成的，因此，设计方案不一定只有一个，如何择取最优秀的方案，这就看具体的条件了，如业主的某种偏爱、造价问题、环境问题等，建筑的社会性要求建筑师的创作活动必须综合平衡建筑的社会效益、经济效益与个性特色的关系，努力寻找一个科学、合理与可行的结合点，才能创造出尊重环境、关怀人性的优秀的作品。

二、建筑方案设计的步骤

（一）调研分析与资料收集

调研分析作为方案设计的第一步，其目的是通过必要的调查、研究和资料收集，系统掌握与设计相关的各种需求、条件、限定及其先例等信息资料，以便全面把握设计题目，为下一步的设计理念和方案构思提供丰富而详细的素材；调研分析的对象包括设计任务、环境条件、相关规范条文和实例、资料等。

1. 任务分析

方案设计的任务要求以“设计任务书”的形式出现的，在课题设计中称为“作业指示书”，它包括物质需求和精神需求两个方面。其中，物质需求的基本内容有空间单元要求、功能关系要求、动线要求，以及相关工程和技术需求；精神需求则主要体现为对建筑的空间、形式、风格的特定要求。

2. 环境分析

环境条件是方案设计的客观要求。通过对环境条件的调查和分析，可以很好地把握、认识地段环境的质量水平及其方案设计的制约影响，分清哪些条件、哪些因素是应该充分利用的，哪些条件、哪些因素是可以通过改造而得以利用的，哪些不良因素又是必须予以回避的。具体的调查、研究应包括场地环境、城市环境两个方面。

3. 规范条文分析

（1）城市规划设计条件

城市规划设计是由城市规划管理部门依据法定的城市总体规划，针对具体地段、具体项目而提出的规范性条文，目的是从城市的宏观角度对建设项目提出限定和要求，以保证城市整体环境的良性地运行与发展。

（2）建设法规和设计法规

建筑设计法规是为了保障建筑的质量水平而制定的，建筑师在设计过程中必须严格遵守这一具有法律意义的强制性条文，在课题设计中同样应做到熟悉、掌握并严格遵守。对方案设计影响最大的规范有日照、消防、交通规范，以及建筑设计类型通则等。

4. 实例资料分析

学习并借鉴前人正反两面的经验，既是避免走弯路、走回头路的有效手段，也是积累各种建筑资料的有效方法。

（1）相关实例调研

相关实例的选择应本着性质相同、内容相近、规模相当、方便实施，并体现多样性的原则。调研内容包括一般的技术性了解，即对设计构思、总体布局、平面组织和造型处理的基本了解，也包括对使用、管理情况的调查、研究，重点了解使用、管理过程中的优缺点及其原因。最终调研成果应以图、文形式尽可能详细、准确地表达出来，形成一份永久性的参考资料。

（2）相关资料收集

相关实例调研与相关资料搜集有一定的相似之处，只是前者在技术了解的基础上更侧重于实际运营情况的调查，后者仅限于对设计构思、总体布局、平面组织和造型处理等一般技术了解，但简单方便和资料丰富是后者的最大优势。

（二）设计构思与方案优选

完成方案的第一阶段后，设计者对设计要求、环境条件以及相关实例已有了一个比较系统且全面地了解与认识，并得出了一些原则性的结论，在此基础上即可开始下一步的工作：

1. 确立设计理念

建筑设计理念是立足于具体设计对象的类型特点、环境条件及其现实的经济技术因素，预先定位一个足以承载和现实的建筑理念和信念，作为方案设计的指导原则和境界追求。

优秀的建筑作品都有其明确的设计理念。而判断一个设计理念的好坏，不仅要看它所体现出的境界高度，还应该判断它对应的具体建筑类型、环境条件的恰当性、适宜性和可行性，这是确立设计理念的基本原则。

2. 进行方案构思

方案构思作为方案设计的重要环节，其目的是通过深入而透彻地思考、思辨，正确理解并把握功能、环境等重要因素的属性、特点，从中提取有价值的造型素材，据此发展并确立起建筑空间、形象的大轮廓、大模样。

方案设计的过程可以分为基本判断和深入构思两个环节。

3. 实施多方案比较和优选

（1）多方案的基本原则

为了实现方案的优选，多方案构思应遵循如下原则：

①应当提出数量尽可能多、差别尽可能大的选择方案，即应从多角度、多方位来审视题目，把握环境，通过有意识地、有目的地变换构思侧重点来实现方案在整体布局、动线组织以及造型设计上的多样性。

②任何方案都必须是在满足功能与环境的基础上产生的。

（2）方案优选的基本方法

方案优选时，分析比较的重点应集中在：

①比较设计要求的满意程度；

②比较性特点是否突出；

③比较修改调整地可行性。

（三）调整发展和深入细化

方案设计是一个从宏观到微观，从简略到细致，从定性到量化的不断发展，逐步推进的过程，方案的“调整发展”和“深入细化”是这一过程中的重要阶段。“调整发展”的核心任务是“基本”落实功能、量化形态、成型体系。

1. 调整发展阶段的基本任务

（1）调整修正方案

对发展方案的修正和调整，应是在全面分析、评价，从而掌握方案特点，明确设计方向基础上进行的，并针对其相应的方面和体系，进行通盘而综合的调整，力求从根本上解决问题。

（2）发展设计意图

进一步地发展设计意图是二草阶段的核心任务，其宗旨就是在保持方案个性的前提下，通过放大图纸比例和模型比例，将已经确立的“粗线条”和“大轮廓”，分层次，分步骤地落实其功能、量化其形象，并暗影成为总图、平面、立面、剖面等具体设计成果，从而推进空间、动线、围护、结构、造型等各个体系上的设计意图的发展。

2. 深入细化阶段的基本任务

（1）方案的深入

方案的深入主要是借助室内外透视的绘制和空间实现分析而完成的，其设计重点包括方案的主要外观形象、重点空间单元以及空间序列效果等。由此引发一系列的局部失调，将方案全面推进。

（2）方案的细化

方案的细化就是在进一步地放大图纸、模型比例的基础上，引进材料及其衍生的质感、肌理、颜色等因素，丰富并完善立体造型的层次关系，逐步将方案设计引向细部造型处理上，并实现方案的完全量化。

第二节　建筑方案设计的特点

建筑设计包含丰富的内容，其中方案设计是建筑设计中的第一步，充分理解建筑方案设计的特点，对于整体掌控建筑设计具有重要的作用。建筑方案设计的主要特点可以概括为综合性、创造性、时代性以及严谨性。

一、综合性

方案设计具有综合性。方案设计是整个建筑设计进入图纸文本环节的第一步，首先，在进行方案设计之前，必须对设计方案所在的地块进行详细勘察，方案要满足地形地貌等特征，要学会因地制宜，学会使用当地富产的材料作为建筑材料，这需要设计人对自然地理学科有一定的知识积累；要针对当地人民的生活习惯、民族特点进行方案的布局，这需要设计者有一定的人文知识；在设计过程中，要遵循国家、当地的各项政策及建筑法规，这又要求我们对多种制约因素有所了解；其次在方案立面及形体的推敲过程中，建筑风格以及建筑技术要求我们对艺术以及技术做到协调利用，达到完美统一；最后，接到设计任务时，建筑师所面对的建筑类型也是多种多样，科教文卫各类建筑，都要求建筑师在社会、经济、文化、历史以及其他各类学科中有所涉猎。只有充分掌握多个学科的内容，综合地应用于方案设计中，才能做出艺术性与实用性高度统一结合的建筑方案。

二、创造性

方案设计具有创造性。建筑师面对复杂多样地地形条件以及建筑单体要求时，除惯性沿袭传统的思维外，必须更多地展现出创造性解决问题的能力。建筑师在方案设计中的创造性体现在解决空间与流线的对应关系中，也体现在建筑方案整体的形象中。

建筑师在方案设计过程中，常常需要有意识地从设计思路的反向入手，增加创造力思维。在解决复杂的方案矛盾的过程中，逆向思维可以帮助建筑师产生新的感悟。

三、时代性

方案设计具有时代性。方案设计与时代脉搏紧密相扣，每个时代的建筑设计都具有其独一无二的特征。在漫漫的历史长河中，建筑的设计受地理条件、材料的局限和民族特点的约束呈现出不同的类型。

建筑在对应历史时期的发展以及其在时代背景下的特点，表现了同时期建筑方案的历史时刻性：时代是不断发展和进步的，在变幻前进的时代中，建筑设计也遇到了前所未有的机遇和挑战。当下，面对新旧文化融合、中外文化碰撞的境况，建筑师们所完成的设计必须更加具有时代前瞻性。在我国，除了要做到前瞻性，还应把我国优秀的建筑文化、建筑技艺以及匠人精神传承下去。悠久璀璨的中华传统文化自始至终都是以包容开放的姿态存在。因此，承上启下让世界认识中国就是时代赋予年轻建筑师的责任。

四、责任性

本节中提到的责任性本质上是指建筑师在设计中要具有责任心。建筑方案设计，从落实在图纸上的每一笔开始，就充满了仪式感和责任感。一幢由钢筋水泥组成的建筑，不像一顶帐篷可以随心所欲地扎营搬移，每一幢建筑都要矗立几十年甚至上百年。建筑的物质服务生命周期长，一旦因为功能不合理或者因为精神服务周期过短，很快就被淘汰。这无疑相当于给城市增加了一座不会移动的障碍，纵使我们后期可以改造、改建甚至美化，但是在方案设计的初期就应该遵循着技术和艺术协调统一的原则基础上，注重方案地严谨性。

第三节　建筑方案设计的一般方法

建筑方案设计具有独特的流程，拥有一套独立的方法体系。完整的方案设计包括以下五个基本步骤：勘察、调研分析与收集材料，方案的初步构思，方案的优化及深化，调整完善方案，方案设计图纸的成图表达。

一、勘察，调研分析与收集材料

建筑方案设计首先依托的就是客观存在的条件，包括基地的自然条件、城市规划设计条件、基地所处位置的人文条件以及其他客观存在对建筑方案有约束的因素。通过对客观存在的各类条件的细致勘察与分析梳理，可以为方案设计打下一个坚实的基础，有利于方案设计在基地扎根的底蕴。

（一）自然条件

自然条件千变万化，与之相应的是基地条件千姿百态。正确分析判断基地条件对于我们进行方案设计有重要的指导作用。自然条件包括地形地貌、气候气温、日照条件和景观朝向等。

地形地貌的影响：在自然界几乎不存在完全平整的面，但是由于受引力、洋流等影响，自然界的平面都是存在起伏的，没有两块场地的地形地貌是完全相同的。另外，地质因素也应该加以考虑，分清平原、山地、滨海以及沙滩地质对建筑方案的影响。利用地形中对于场地有利的部分，比如日照、景观等；避开对场地会产生潜在威胁的因素，比如周边可能存在的地质灾害；考虑场地内及周边的水文环境，地下水位的高低等。

气候气温条件：各个地区由于经纬度不同，气候条件变化万千。设计时应该注意场地及周边的温度、干湿度、风力及风向等重要因素。

日照条件：由于地区的不同，各地对于日照的要求不同，设计要考虑是否满足场地所在地区日照条件，因日照时长会影响居住建筑等总平面布局以及立面造型设计，故日照设计应在总平面规划时即予以考虑。

景观朝向：包括自然景观与人工景观。要充分利用自然绿化，考虑景观的树种等情况，是否将绿化引入基地；充分利用场地内外水环境、因地制宜。

（二）城市规划设计条件

城市规划设计条件是由城市规划管理部门依据法定的城市总体规划，针对具体地段、具体项目而提出的规范性条文。从宏观角度对建设项目提出限制、规定和要求。城市规划设计条件包括的基本内容有用地性质的限定、容积率和建筑密度的限定、高度和退让的限定、历史保护的限定和规划发展因素等。

（1）用地性质的限定规划部门在总体规划和控制性详规中对土地使用性质进行了严格的界定，并对其他条件也进行了控制，因此场地选址时，要严格按照控制性详规的规定进行。

（2）容积率和建筑密度的限定容积率是地上建筑面积总和与场地面积的比值。容积率的大小直观地显示了场地内地上建筑的容纳情况，一般情况下来说，规划部门会给每个地块出具一个经济指标的控制数据。比如繁华地带的商业住宅开发，其容积率通常远高于普通地段住宅开发，因为地段的不同，地块价格也差距很大，只有高容积率才能让建筑面积单价降下来。建筑密度是建筑一层平面面积占场地面积的百分比，建筑密度的作用是观察在场地中建筑的铺展程度。比如大型商超，大的建筑密度表示一层建筑面积较多，有利于底层商业氛围的渲染。

（3）高度和退让的限定高度限制主要是考虑城市内飞行器飞行的安全，一定的高度限制有效地控制地上总建筑面积，这对建筑造型的设计有一定的约束作用。退让各类红线是为了满足场地与周边环境的关系。

（4）规划发展因素城市发展到一定阶段，需要配合当下的各种实际发展状况制定和调整规划方向。

除了以上提到的分析调查。还可以根据设计任务书的要求，主动收集相关理论资料，借鉴同类型实际工程的经验。建筑设计不是无中生有，需要平时大量的积累，通过实地考察、拍摄照片和手绘等多种方式，将所见所感记录下来。当积累形成一定量时才会产生质变，才会真正有助于设计者的思路。

作为一名建筑学学生，学习设计是从无到有的过程，这个过程中不要钻牛角尖。应该打开视界，拓宽思路，平时多积累观察，提高个人专业素养。设计初期就是在广泛积累的基础上，分析调研场地形成设计的初步构思。

二、建筑方案初步构思

任何设计的初期都是由一个思想的"火种"出发、延伸和迸发，扩散直至形成一个完整的方案。这个最初的"火种"就是设计理念。清晰地设计理念使建筑师明确设计目的，像建筑师脑中的星星之火，促使建筑师创造出优秀的作品。

（一）确定设计理念后，建筑师开始构思方案

方案构思综合运用形象、逻辑思维，循序渐进地进行。一是从初始阶段进行构思，即建筑师希望设计的主题是什么，方案的基本思路需要怎么围绕主题展开；二是从细节进行构思，例如建筑形象大概是什么情况。建筑空间内要设计成什么形式，建筑空间流线怎么引导。这个阶段可以通过勾勒草图来完成初步设想。

（二）方案构思的一般步骤

（1）在调研的基础上，对任务书进一步地归纳整理，理顺出基本思路。

（2）确定总平面的基本布置形式。包括基地的基本自然条件、基地出入口与城市道路之间的关系、建筑与基地之间的关系，建筑与相邻基地内建筑的退让以及基地内建筑与场地的关系等。

（3）建筑平立剖之间的相互关系。建筑平面的功能布局、立面形象与剖面之间的关系，这里的建筑剖面主要为设计师做深入构思提供室内高差参考，而建筑造型的构思此时也应该具有雏形。

（4）调整方案整体的协调性。当大部分设计构思已经成熟时，要求建筑师调整总平面与建筑单体之间的相互关系，达到协调一致。

三、建筑方案设计的优化及深化

前面提到设计的灵感犹如同星星之火，点燃建筑师的设计热情。通常情况下，我们的方案设计会出现多条思路并行的情况。每到这时，我们就要进行方案的优化和深化。对方案之间的优缺点进行对比，合并优点，做出最适合设计条件的方案。

（一）方案的优化

当方案构思完成时，建筑师通常会在自己的几个相对成熟的构思之间进行权衡比较，此时，就要求建筑师对方案进行优化。

（1）比较方案之间的切题程度多个方案构思并存的时候，首先要看哪个方案更加是否能满足设计要求，其次，是否满足整体到细节面面俱到。无论方案如何出色，如果不能满足设计任务书的要求，后续设计大多都是无用功。

（2）比较方案之间，设计师发挥深化的余地是否足够。如果一个方案在构思阶段，

设计师无法自圆其说，自圆其“图”，到后期深化阶段，该方案极有可能无法深入。选择方案进行深化时,应选择设计师有动力有热情的方案进行深化。

（3）比较方案特点是否足够突出，这体现方案的独特性，满足任务书要求且并具有独特性的方案对于推动设计创新有重要意义。设计不是一成不变的，应在前人设计基础上继续深化,直至今天仍在讨论的建筑命题中提出解决问题的探索思路。

（二）方案的深化

方案的深化是方案筛选中必须经过的一个阶段。有条不紊的深化对于建筑方案设计的推进具有重要意义。

（1）方案的可行性深化，顾名思义，结合场地情况，对所做方案是否可行进一步地推敲。

（2）方案的功能性深化选定方案后，对方案的功能空间进行布局，在总平面、平面和造型等方面同时进行深化。方案深化是联动的，通常我们会根据做方案的先后顺序先深化总平。其次，平面有时也会根据设计师自身偏好从造型入手，但是不论哪种方法，都要首先从大的场地关系入手,低年级建筑学学生只从平面图进行设计。

第三章　建筑设计原理

第一节　高层建筑设计原理

当前，我国的高层建筑外部造型设计多以追求建筑形象的新、奇和特为目标，每栋高层都想表现自己，突出自我。而这样做的结果只能使整个城市显得纷繁无序和生硬，建筑个体外部体量失衡，缺乏亲近感，拒人于千里之外。造成这种现象的主要原因是缺乏对高层建筑的外部尺度的认真仔细地推敲，因此，对高层建筑的外部尺度的研究是很有必要的。

首先定义一下尺度，所谓的尺度就是在不同空间范围内。建筑的整体及各构成要素使人产生的感觉，是建筑物的整体或局部给人的大小印象与其真实大小之间的关系问题。它包括建筑形体的长度、宽度、整体与城市、整体与整体、整体与部分、部分与部分之间的比例关系，对行为主体人产生的心理影响。高层建筑设计中尺度的确难以把握，因为它不同于日常生活用品，日常生活用品很容易根据经验做出正确的判断，其主要原因有：一是高层建筑物的体量巨大，远远超出人的尺度。二是高层建筑物不同于日常用品，在建筑中有许多要素不是单纯根据功能这一方面的因素来决定它们的大小和尺寸的，例如，门本来可以略高于人的尺度就可以了。但是有的门出于别的考虑设计得很高，这些都会给辨认尺度带来困难。高层建筑设计时，不能只是单单重视建筑本身的立面造型的创造，而应该以人的尺度为参考系数，充分考虑人观察视点、视距、视角和高层建筑使用亲近度，从宏观的城市环境到微观的材料质感的设计都要创造良好的尺度感，把高层建筑的外部尺度分为五种主要尺度：城市尺度、整体尺度、街道尺度、近人尺度和细部尺度。

一、高层建筑设计中的外部尺度

（一）城市尺度

高层建筑是一座城市有机组成部分，因其体量巨大，高度很大。是城市的重要景点，对城市产生重大的影响。从对城市整体影响的角度来看，表现在高层建筑对城市天际轮廓线的影响，城市的天际轮廓线有实、虚之分，实的天际线即是建筑物的轮廓，虚的天际线是建筑物顶部之间连接的光滑曲线。高层建筑在城市天际线创造中起着重要的作用，因为城市的天际轮廓线从一个城市很远的地方就可以看见，也是一座城市给一个进入它的人第一印象。因此，高层建筑尺度的确定应与整个城市的尺度相一致，而不能脱离城市。自我夸耀，唯我独尊，不利于优美、良好天际线的形成，直接影响到城市景观。高层建筑对城市局部或部分产生的影响，是指从室内比较开阔的地方。因此，城市天际轮廓线不仅影响人从城市外围所看的景观，也直接影响到市内居民的生活与视觉观赏。高层建筑对城市各构成要素也产生重大的影响，高层建筑的位置、高度的确定。也应充分地考虑该城市尺度、传统文化，不适当的尺度会对城市产生不良的影响，改变了城市传统的历史文化，也改变了原来城市各构成要素之间有机协调的比例关系。

（二）整体尺度

整体尺度是指高层建筑各构成部分，如：裙房、主体和顶部等主要体块之间的相互关系及给人的感觉。整体尺度是设计师十分注重的，关于建筑的整体尺度的均衡理论有许多种，但都强调整体尺度均衡的重要性。面对一栋建筑物时，人的本能渴望是能把握该栋建筑物的秩序或规律，如果得到这一点，就会认为这一建筑物容易理解和掌握，若不能得到这一点，人对该建筑物的感知就会是一些毫无意义的混乱和不安。因此，建筑物的整体尺度的把握是十分重要的，在设计时要注意下面的两点：

各部分尺度比例的协调高层建筑一般由三个部分组成的——裙房、主体和顶部，也有些建筑在设计中加入了活跃元素，以使整栋建筑造型生动活跃起来。一个造型美的高层建筑是建立在很好地处理了这几个部分之间的尺度关系，而这三个部分尺度的确定，应有一个统一的尺度参考系（如把建筑的一层或几层的高度作为参考系），不能每一部分的尺度参考系都不同，这样易使整个建筑含糊、难以把握。

高层建筑中各部分细部尺度应有层次性高层建筑各部分细部尺度的划分是建立在整体尺度的基础上的。各个主要部分应有更细的划分，尺度具有等级性，才能使各个部分造型构成丰富。尺度等级最高部分为高层建筑的某一整个部分（裙房、主体和顶部），最低部分通常采用层高、开间的尺寸、窗户和阳台等这些为人们所熟知的尺寸，使人们观察该建筑时很容易把握该部分的尺度大小。一般在最高和最低等级之间还有 1 ~ 2 个尺度等级，也不宜过多，太多易使建筑造型复杂而难以把握。

（三）街道尺度

街道尺度是指高层建筑临街面的尺度对街道行人的视觉影响。这是人对高层建筑近距离的感知，也是高层建筑设计中重要的一环。临近街道的高层建筑部分的尺度确定，主要考虑到街道行人的舒适度，高层建筑主体因为尺度过大，容易向后退，使底层的裙房置于沿街部分，减少了高层建筑对街道的压迫感。例如：上海南京路两边的高层建筑置于后面，裙房置于前使两侧的建筑高度与街道的宽度的比例为 1 : 12，形成良好的购物环境。为了保持街道空间及视觉的连续性，高层建筑临街面应与沿街的其他建筑相一致，宜有所呼应。如：在新加坡老区和改建后的一条干道的两侧，为了不制造成新区高层和老区低层截然分开，沿新区一侧作了和老区房屋高度相同相似的裙房，高层稍后退，形态效果良好的对话关系。

（四）近人尺度

近人尺度是指高层建筑最低部分及建筑物的出入口的尺寸给人的感觉。这部分经常为使用者所接触，也容易被人们仔细观察，也是人们对建筑直接感触的重要部分。其尺度设计应以人的尺度为参考系，不宜过大或过小，过大易会使建筑缺少亲近性，过小则减小了建筑的尺度感，使建筑犹如玩具。

在近人尺度处理中，应特别注意建筑底层及入口的柱子、墙面的尺度划分，檐口、门、窗及装饰的处理，使其尺度感比以上几个部分更细。对入口部分及建筑周边空间加以限定，创造一个由街道到建筑的过渡缓冲的空间，使人的心理有一个逐渐变化的过程。如：上海图书馆门前采用柱廊的形式，使出入馆的人有一个过渡区，这样使建筑更加具有近人及亲人性。

（五）细部尺度

细部尺度是指高层建筑更细的尺度，它主要是指材料的质感。在生活中，有的事物我们喜欢触摸，有的事物我们不喜欢触摸——我们通过说“美妙”或“可怕”来对这些事物做出反应，形成人的视觉质感。建筑设计师在设计过程中要充分运用不同材料的质感，来塑造建筑物。吸引人们亲手去触摸或至少取得同我们的眼睛亲近感，或者换言之，通过质感产生一种视觉上优美的感觉。勒柯布西埃在拉托尔提建造的修道院是运用或者确切地说是留下大自然“印下”的质感的优秀典范，这里的质感，也就是用斜撑制作在混凝土上留下的木纹。

二、高层建筑外部尺度设计的原则

（一）建筑与城市环境在尺度上的统一

注意高层建筑布置对城市轮廓线的影响，因为在城市轮廓线的组织中，起最大作用的是建筑物，特别是高层建筑，所以它的布置应该遵行有机统一的原则进行布置：①高层建筑聚集在一起布置，可以形成城市的“冠”，但为避免其相互干扰，可以采用一系列不同的高度，虽采用相仿高度，但彼此间距适当，组成有关的构图。也可以单栋高层建筑布置在道路转弯处，以丰富行人的视觉观赏。②若高层建筑彼此间毫无关系，随处随地而起不到向心的凝聚感，则不会产生令人满意的和谐整体。③高层建筑的顶部不应雷同或减少雷同，因为这会极大影响轮廓线的优美感。

（二）同一高层建筑形象中，尺度要有序

高层建筑设计时，应充分考虑建筑的城市尺度、整体尺度、街道尺度、近人尺度和细部尺度这一尺度的序列，在某一尺度设计中要遵守尺度的统一性。不能把几种尺度混淆使用，才能保证高层建筑物与城市之间、整体与局部之间、局部与局部之间及与人之间保持良好地有机统一。

（三）高层建筑形象在尺度上须有可识别性

高层建筑物上要有一些局部形象尺度，能使人把握其整体大小，除此之外，也可用一些屋檐、台阶、柱子和楼梯等来表示建筑物的体量。任意放大或缩小这些习惯的认知尺度部件就会造成错觉，效果就不好。但有时常常要利用这种错觉来求得特殊的效果。

高层建筑的外部尺度影响因素很多，设计师在设计高层建筑中充分地把握各种尺度，结合人的尺度，满足人的使用和观赏的要求，必定能创造出优美的高层建筑外部造型。

第二节　生态建筑设计原理

生态建筑的设计与施工必须建立在保护环境、节约能源、与自然协调发展的前提下。设计人员应在确定建筑地点后，针对施工地点的实际状况因地制宜地开展设计工作，在保证建筑工程质量以及使用寿命的前提下，满足建筑绿色化、节能化与可持续发展的要求。论文对生态建筑做了简单概述，重点对生态建筑设计原理及设计方法进行了分析，希望对相关工作有所帮助。

生态建筑是一门基于生态学理论的建筑设计，其设计的主要目的是促进自然生态和谐，减少能源消耗，创建舒适环境，加大资源利用率，营造出适合人与自然和谐共处的生存环境。现如今，生态建设作为一种新型建筑方式备受人们关注，具有绿色低碳的建筑理念及较高水平的节能环保作用。生态建筑设计的普遍应用顺应时代发展的潮流，符合现代化建设的需求，使建筑归于自然，建设和谐的建筑环境。

生态建筑作为一种新兴事物，综合生态学与建筑学概念。充分结合了现代化与绿色生态建设理念，是典型的可持续发展建筑。在进行生态建筑设计时，需要充分考虑人与自然及建筑的和谐，基于建筑的具体特征，综合分析周边环境。采用生态措施，利用自然因素，建设适于人类生存和发展的建筑环境。加强生态资源的利用率，降低能源的消耗，改善环境污染问题。生态建筑源于人们日常生活中所聚集的所有意识形态和价值观，更加突出生态建设所具有的较强的社会性。

一、生态建筑设计原理

（一）自然生态和谐

众所周知，建筑工程的施工会对自然造成较大的破坏。在工程竣工及其日后的实际使用中还会继续加大对环境的污染，从而导致生活环境的恶化。所以，在进行生态建设时，我们必须要高度重视建筑设计。严格监控工程施工，把施工中对环境的破坏降到最低，减少对建筑的能源消耗，保护环境。善于利用自然因素，通过对阳光的充分利用，可以降低在施工中对照明设备的使用率，灵活地利用建筑中的水池以及喷水系统充当制冷设备。当然，在开展建筑设计的过程中，要注意预留通风口位置，确保建筑与设备及时通风，保持建筑设计的室内外空气流通。

（二）降低能源消耗

生态建筑是现代化发展的产物，是人类生活必不可少的生存环境，在生态建筑设计中最关键的部分就是节能。生态建筑设计是基于各项设施功能正常运行的情况下，最大程度地减少施工过程中的资源浪费现象，提高资源的利用率。在进行生态建筑设计的过程中，要尽可能地减少无用设计，避免因过度包装而产生的浪费现象。有效地利用自然能源，通过对生物能及太阳能等能源的利用。来降低能源消耗，避免因能源大规模消耗而导致的环境污染。

（三）环境高度舒适

用户的实际居住效果是评判生态建筑是否符合要求的关键。在进行生态建筑设计时，必须要充分满足使用者对建筑舒适度的要求，使设计的建筑不只是没有生命的物体，还可以抒发人们的情怀。因此，在实际的生态建筑设计过程中，必须要以使用者的舒适与健康为主要原则，设计舒适度高且生态健康的建筑。要想创造舒适度高的环境，前提就是保证建筑物各区间功能的高度完整，可以更加方便使用者的生产生活。除此之外，必须充分确保建筑物内的光线充足，保证建筑的内部温度以及空气的湿度适宜人们居住。

二、生态建筑设计方法

（一）材料合理利用的设计方法

生态建筑具有明显的绿色建筑系统机制，通过对旧建筑材料的回收再利用。最大程度地降低材料浪费现象，减小污染物的排放量，符合绿色生态理念。在建筑拆迁中，所产生的木板、钢铁、绝缘材料等废旧建筑材料经过一系列处理可供新建筑工程再次利用，在符合设计理念及要求的前提下，科学合理地使用再生建筑材料。可再生材料的应用，可以在一定程度上减轻投资负担，节约建筑成本，避免因过度开采造成的生态问题，把建筑施工对环境的破坏降到最低，营造绿色的生态环境。

（二）高效零污染的设计方法

高效零污染是一种节能环保的设计方法。针对生态建筑在节能方面的作用，在充分确保建筑基础功能的情况下，能最大程度地减少材料的使用，提高资源利用率。善于利用自然因素，通过对自然资源的有效使用，来降低矿物资源的使用率。近年来，人们的观念在不断转变，以及新能源在国家的推行。太阳能被广泛应用于建筑之中，人们通过对太阳能利用实现降温、加热等目的。还可以通过对物理知识利用，实现热传递，保持建筑的空气流通，从而加大调控室内环境力度，为使用者提供舒适环境的同时达到节能环保的效果。

（三）室内设计生态化的设计方法

在生态建筑理念的影响下，室内设计必须根据资源及能源的消耗，设计出节能环保且比较实用的生态建筑，防止资源的过度消耗。与此同时，还应该控制装饰材料的使用量，规定适宜且合理的装饰所需成本。与此同时，在室内设计过程中还应该添加绿色设计，可以通过植物的吸收特性，来降低空气中的二氧化碳、甲醛等气体的含量，改善空气质量，打造适宜人们居住的环境。绿色设计的加入，还具有装饰效果，可以应用到阳台及庭院的设计中。

（四）结合地区特征科学布局的设计方法

在生态建筑设计过程中，需要充分考虑当地的地区特点及人文特征。建筑设计以建筑周边环境为基础开展生态建设工作，使自然资源得到充分有效地循环运用。在进行生态建筑设计时，需要在保证不破坏周边环境的情况下，设计出具有地域特色的生态建筑。结合天然与人工因素，改善人们的生活环境，控制甚至避免自然环境破坏现象，营造人与自然和谐共处的生态环境。

（五）灵活多变的设计方法

灵活多变的设计方法是生态建筑设计的重要方法，可以选择出更适合的建筑材料。在进行生态建筑设计过程中，如何挑选建筑材料是建筑合理性的重要条件。设计师在进行生态建筑设计时，需要熟知所有建筑材料的使用情况。除此之外，需要对四周环境进行了解，以此为依据选择出最合适的建筑材料，来保证建筑的节能环保效果。加大废旧建筑材料的循环利用，解决耗能问题。为实现生态建设的可持续发展，在选择和利用建筑材料方面有了越来越高标准，建筑材料的选择与生态建筑设计的各个方面息息相关。如为减少太阳辐射，设计师可以加入窗帘以及水幕等构件，把建筑内部温度控制在合理范围内，维持空气湿度的平衡，确保所设计的建筑适宜居住，大大降低风扇的使用率，达到节能的效果。

总而言之，通过对生态建筑设计原理与设计方法的了解，得出了只有以自然生态和谐、降低能源消耗和环境高度舒适为根据。采取合理利用材料、高效零污染、生态化室内设计、使用清洁能源和灵活多变的设计方法，才能创造出科学的生态建筑设计。生态建筑设计作为一种新兴事物，顺应新时代发展的潮流。符合生态文明建设的要求，对促进人与自然和谐共处具有积极的促进作用。生态建筑所具有的绿色特性，使更多人开始关注绿色技术。生态建设设计要求以人为本，致力于打造符合各类人群需求的居住环境，从国情出发，本着可持续性原则，加强人们的生态环保意识，设计出具有生态效益的建筑。

第三节　建筑结构的力学原理

随着建筑业的发展人们的生活水平也随之水涨船高，从古时的木屋到如今的高楼林立，人们在不断地享受着建筑行业带来的伟大成果。建筑行业的发展不管方向如何都离不开一个宗旨，那就是以安全为第一要务。而建筑的结构形式必须满足对应的力学原理，才能保证建筑物的稳固与安全。

建筑行业的发展带动了各大产业链的发展，形成了一个经济圈。可以说建筑行业支撑着我国的经济发展。随着时代的发展，人们对建筑的要求更增加了审美观念、环保理念，不论是美轮美奂的园林式建筑还是朴实无华的民用建筑都离不开力学原理的支撑，安全第一是建筑行业自始至终所坚持的第一要务，这就给建筑工程师和结构工程师提出了技术要求。

一、建筑结构形式的发展过程

我国的建筑结构形式可追溯到五十万年的前旧石器时代，是建筑业的雏形即构木为巢的草创阶段。随着时间的推移人类文明的进步，建筑业也在不断发展的创新，由木结构建筑发展到了以砖石结构为主的新阶段。我国的万里长城就是该阶段的最为主要的代表，以砖和石为主要材料，经过千年而不毁，其坚固程度可想而知，被誉为世界八大奇迹之一。随着西方文化的传入结合我国传统文化、建筑业的发展，迎来了梁、板结构的发展与成熟期，尤其是到了明清时期各类建筑物如雨后春笋般破土而出，各式的园林、佛塔、坛庙、以及宫殿、帝陵纷纷采用了梁和板的结构形式。建筑行业随着人类文明的发展在不断地进行着质的变化，更加推动了人类经济的发展进程。

二、建筑结构形式的分类

（一）根据材料进行分类

在进行工程建筑时根据所使用的材料不同可将建筑结构分为五类：以木材为主的结构形式，即在建筑过程中使用的基本都是木制材料。由于木材本身较轻的特点容易运输、拆装，还能反复使用的特点，使用范围广如在房屋、桥梁、塔架等中都有使用。近年来由于胶合木的出现，再次扩大了木制结构的使用范围。在我国许多休闲地产、园林建筑中大多都以木制结构为主；混合结构，在进行建筑工程材料配制过程中，承重部分要以砖石为主，楼板、顶板以钢筋混凝土为主，而这种结构大多在农村自家住房建筑中多见；以钢筋混凝土为主的结构形式，该种结构形式的承重力比较强，多用于高层建筑。以钢与混凝土为主的结构形式，这种结构形式的承重能力是此五种形式当中承重能力最强的，适用于超高层的建筑工程当中。

（二）根据墙体结构进行分类

按照墙体的不同可将建筑结构形式分为六类：主要使用于高楼层、超高楼层建筑中的全剪力墙结构和框——结构；用于高楼层建筑中的框架——剪力墙结构；使用于超高楼层建筑中的简体结构和框——支结构；主要使用于大空间建筑和大柱网建筑的无梁楼盖结构。

三、建筑结构形式中所运用的力学原理

从建筑业的发展史来看，不管建筑行业的结构形式和设计重心如何变化，不管是以美观为建筑方向，还是以朴实安全为方向，都有一个共同的特点是不变的。就是保证建筑工程的安全性，给与人们舒适的生活环境的同时保证人们的生命财产安全为目的。在进行建筑设计时，安全性与力学原理是密不可分的，结构中的支撑体承受着荷载，而外荷载则会产生支座反力。对建筑结构中的每一个墙面都会产生一定的剪力、压轴力、弯矩、扭曲力。而在实际的施工过程中危险性最强的是弯矩力，当弯矩力作用在墙体上时，所施力量分布并不均匀，会使一部分建筑材料降低功能性。从而影响到整个建筑的安全性，严重者会直接导致建筑物的坍塌。因此，在建筑工程进行规划设计和施工过程当中，都要将力学原理运用到位，精细、准确地计算出每面墙体所要承受的作用力，在进行材料选择时，一定要以力学规定为依据，保证所用材料的质量绝对过关，达到建筑工程的最终目的。

四、从建筑实例分析力学原理的使用

（一）使用堆砌结构的实例

堆砌结构是最古老也是最常见的一种建筑结构形式，其使用和发展历程对人类的历史文明贡献出了不可替代的作用。其中最为著名、最令人惊叹的就是公元前 2690 年左右古埃及国王为了彰显其神的地位所建造起的胡夫金字塔。金字塔高达 146.5m，底座长约 230m，斜度为 52°，塔底面积为 52900m²，该金字塔的塔身使用了近 230 万块石头堆砌而成，每块石头的平均重量都在 2.5t 左右，最大的石头重约 160t。后来经过专业人士的证实，金字塔在建造的过程中没有使用任何的粘着物，由石头一一堆叠而成。在建筑结构中是最典型的堆砌结构形式，所使用的力学原理就是压应力，使得其中经过了四千多年的风雨历程依然屹立不倒。这种只使用压应力原理的建筑结构形式非常的简单，是建筑结构发展的基础，但是因为不能将建筑空间充分地利用起来，不能满足社会发展的需要，在进行建筑过程中逐渐引进了更多新的力学原理。

（二）梁板柱结构的使用案例

梁板柱结构使用的主要材料就是木制材料，随着时代的发展。在很多的建筑工程中需要使用弯矩，而石材本身承受拉力的强度过低，而无法完成建筑任务。由于木制材料其韧性比较强，可以承受一定程度地拉力和压力从而被大面积使用。我国的大部分宫殿、园林建筑都是采用的梁板柱结构形式，如建立于公元 1420 年的故宫，是我国乃至世界保存最完整、规模最宏大的古皇宫建筑群，其建筑结构就是采用的梁板柱形式。从门窗到雕梁画栋皆是以木制材料为主，将我国传统的建筑结构形式使用得淋漓尽致。该建筑采用的力学原理是简支梁的受弯方式，在我国的建筑业中发挥了极为重要的作用。但是由于木材本身不耐高温极易引发火灾、又容易被风化侵蚀，极大的减少了建筑物的使用寿命和安全性。

（三）桁架和网架的使用案例

该结构的形成是随着钢筋水泥混凝土的出现而得到的发展。从力学原理来分析，桁架和网架的结构形式可以减少建筑结构部分材料的弯矩，对于整体弯矩还是没有作用力，在建筑业被称为改良版的梁板柱结构。所承受的弯矩和剪力并没有因为结构形式的变化而产生变化，整体地弯矩更是随着建筑物跨度的加大而快速加大。截面受力依旧是不均匀，内部构件只承受轴力，而单独构件承载的是均匀的拉压应力。此改变让桁架和网架结构比梁板柱结构更能适应跨度的需求。北京鸟巢就是运用了桁架和网架的力学原理而建造成功的。

（四）拱壳结构、索膜结构的使用案例

随着社会生产力的不断提高，人们对建筑性质、质量有了更多的需求。随之而来的是建筑难度的不断增加，需要融入更多的力学原理才能满足现代社会对建筑的需求。拱壳结构满足了社会发展对建筑业大跨度空间结构的需求。拱壳结构所运用的是支座水平反力的力学原理，通过对截面产生负弯矩从而抵消荷载产生的正弯矩，能够覆盖更大面积的空间，如1983年日本建成的提篮式拱桥就是运用拱结构的力学原理，造型非常美丽。但由于荷载具有变异性，制约了更大的跨度，而索膜结构的力学原理更为合理，可将弯矩自动转化成轴向承接力，成为大跨度建筑的首选结构形式。如美国建成的金门悬索桥，日本建成的平户悬索桥都是运用了索膜结构的力学原理。

建筑结构形式的发展告诉我们不管使用什么样的建筑形式都需要受到力学原理的支撑，最终目标都是保证建筑的安全性。在新时代背景下发展的建筑结构形式同样离不开力学原理的运用，力学原理是一切建筑的理论与基础。只有将力学原理科学合理的使用，才能保证建筑工程的安全性。

第四节　建筑设计的物理原理

本文较为详细地阐述了光学、声学、热学等物理原理知识在建筑中的实际应用。通过分析一些物理现象，例如，利用光在建筑材料上反射的特性，使得室内外的光学环境达到满足人类舒适度的要求；建筑上的声学则要求房间的设计形状要合理并且要选用合适的材料，这样才能较好的保证绝佳的隔音效果，使建筑的性能达到最佳；而对建筑物内的温度来说，墙面，地面或者是桌椅板凳等人类经常接触到的地方，则应该挑选符合皮肤或者四季温度变化的建筑材料，才不至于在外界环境变冷变热时让人感到不适；另外，在建筑物遭受雷击的威胁时我们可以利用静电场的物理原理俗称避雷针来防止建筑物遭受雷击。

物理学是一门基础的自然学科，即物理学是研究自然界的物质结构、物体之间的相互作用和一般运动规律的自然科学。尤其是在日常生活中，物理学原理也是随处可见，如若无法正确地理解这些物理学知识，就无法巧妙的运用这些物理学知识，也不可能自如的运用于建筑上来。其实，在建筑设计中，许多看似复杂的问题都能够运用物理原理来解释。建筑学是一门结合土木建设和人文的学科。本文主要针对物理原理在建筑设计中的应用进行分析，为以后建筑设计工作提供一定的参考。建筑物理，顾名思义是建筑学的组成部分。其任务在于提高建筑的质量，为我们创造适宜的生活和工作学习的环境。该学科形成于20世纪30年代，其分支学科包括①建筑声学，主要研究建筑声学的基本知识、噪声、吸声材料与建筑隔声、室内音质设计等内容；②建筑光学、主要研究建筑光学的基本知识、天然采光、建筑照面等问题；③建筑热工学，研究气候与热环境、日照、建筑防热、建筑保温等知识。

一、物理光学在建筑中的应用

据调查显示，随着社会对创新型人才的大力需求，我国也紧随世界潮流将培养学生具有创新精神的科研能力来作为教育改革方案的重点。而物理学原理的应用正需要这种创新精神才能够更好的运用于建筑学中。这也提醒了我们的当代教育培养创新人才的必要性。其实在生活中利用太阳能进行采暖就属于物理学原理在建筑中比较成功的设计。这种设计也有效促进资源节约型社会的建设，符合社会发展的理念。太阳能资源是一种可持续利用的清洁能源被广泛使用，因其使用成本很低只需要有阳光照射即可，安全性能高和环保等优点广泛被采用。在现代建筑的能源消耗中占有很大的比例，基本上已经覆盖了大部分地区。这是物理原理在建筑中经典的案例，很值得我们来借鉴经验。

二、物理声学在建筑中的应用

现代生活中我们无时不刻的都要面对建筑，各种商场，办公楼，茶餐厅等等，这些建筑的构思与完善很多都运用了物理学原理，当然还有其他的技术支持。越高规格的建筑对相关物理现象的要求越苛刻，越精细，比如各个国家著名的体育馆或者歌剧院等。这些地方对建筑声学的要求极为严格，因为这直接影响观众的视觉体验与听觉感受。这些建筑内所采用的建筑装饰材料都对整体的声学效果有很大影响。再比如是我们最常见的隔音装置，如果一栋建筑内的隔音效果特别差，相信也不会得到别人的青睐吧。比如，生活中高楼上随处可见的避雷针，是用来保护建筑物、高大树木等避免雷击的装置。在被保护物顶端安装一根接闪器，用符合规格导线与埋在地下的泄流地网连接起来。当出现雷电天气时避雷针就会利用自已的特性把来自云层的电流引到大地上，从而使被保护物体免遭雷击。不得不说避雷针的发明帮助人类减少了许多灾害的发生。假使没有物理学原理作铺垫，建筑物及时设计工作做得再好也只是徒劳的，两者结合起来才会相得益彰，共同为人类进步的发展做贡献。这应该是物理原理在建筑中应用的成功的案例啦。也是今后人类应该奋斗的动力或者榜样。

三、物理热学在建筑中的应用

实践证明了自然光和人工光在建筑中如果得到合理的利用，可以满足人们工作、生活、审美和保护视力等要求。此外热工学在建筑方面的应用，这主要考虑的是建筑物在气候变化和内部环境因素的影响下的温度变化。建筑热学的合理利用能够通过建筑规划和设计上的相应措施，有效地防护或利用室内外环境的热湿作用，合理解决建筑和城市设计中的防热、防潮、保温、节能和生态等问题，以创造可持续发展的居住环境。像一个诺贝尔奖的得主所说的：“与其说是因为我发表的工作里包含了一个自然现象的发现，倒不如说是因为那里包含了一个关于自然现象的科学思想方法基础。”物理学被人们公认为一门重要的科学，在前人及当代学者不断的研究中快速的发展、壮大，并且形成了一套有思想的体系。正因如此，使得物理学当之无愧地成了人类智能的象征，创新的基础。许多事实也表明，物理思想与原理不仅仅是对物理学自身意义重大，而且对整个自然科学，乃至社会科学的发展都有着无可估量的贡献。建筑学就是个很好的应用。有学者统计过，自 20 世纪中叶以来，在诺贝尔奖得奖者中，有一半以上的学者有物理学基础或者学习背景；这也间接说明了物理学对于我们的不论是生活还是研究都有很大的帮助。这可能就是物理学原理的潜在的力量。而建筑学如果离开了物理学那么也将在世界上不会有那么多的优秀作品出现了。我国著名的建筑学家梁思成可以建造出那么多不朽的建筑和他自身的物理学基础密不可分。

综上所述，建筑中的物理学原理主要体现在声学、光学以及热工学等方面。合理地热工学设计能使建筑内部更具有舒适感，使建筑本身的价值最大化。至于在光学方面，足够的自然光照射是必需的条件，也就是俗称的采光问题，同时建筑内各种灯光的合理设置也是必须的。两者互补才能在各种情况下都能保证建筑内充足的光源。还有就是声学方面，这是一个十分重要的因素。许多公共场所对光学和声学的要求很高，所以建筑物理学的应用还是很普遍的，生活中随处可见。建筑物理学也特别重视从建筑观点研究物理特性和建筑艺术感的统一。物理原理在建筑中的应用也是人类发展史上的具有重要意义的发现，以后的发展一定会更好的。

第五节　建筑中地下室防水设计的原理

本文阐述了民用建筑中地下室漏水的主要原因，介绍了民用建筑中地下室防水设计的原理。对民用建筑中地下室防水设计的方法进行了深入探讨，以供参考。

随着地下空间的开发，地下建筑的规模在不断扩大，地下建筑的功能在逐渐增多，同时对地下室的防水要求也随之提高。在地下工程实践中，经常会遇到各种防水情况和问题需要解决。

一、民用建筑中地下室漏水的原因

（一）水的渗透作用

一方面，由于民用建筑中的地下室多在地面之下，这无疑会使得土壤中的水分以及地下水在一些压力和重力的作用下。逐渐在地下室的建筑外表面聚集，并逐渐开始向地下室的建筑表面浸润，当这些水的压力使其穿透地下室建筑结构中的裂缝时，水就开始向地下室开始渗透，导致地下室出现漏水的现象。另一方面，由于下雨或者地势低洼等因素所造成的地表水在民用建筑地下室的外墙富集，随着时间的推移。在压力的作用和分子的扩散运动作用下，也会使得其对地下室的外墙形成渗漏，久而久之造成地下室漏水。

（二）地下室构筑材料产生裂缝

地下室外四周的围护建筑，绝大多数是钢筋混凝土结构。钢筋混凝土的承压原理来自其自身产生的细小裂缝，通过这些微小的形变来抵消作用在钢筋混凝土表面的作用力。这种微小的裂缝虽然并不起眼，但是对于深埋地下的地下室围护建筑而言，是无法防止地下水无处不在的渗透的。另外，由于受到物体热胀冷缩原理的影响，地下室围护建筑中的钢筋混凝土在收缩时会产生收缩裂缝，这是不可避免的。这些裂缝就会变成无孔不入的水进入地下室的通道,造成了地下室渗透漏水。

（三）地下室的结构受到外力发生形变

在地质运动等外力的影响和作用下，地下室的结构会发生形变，其结构遭到破坏，失去防水作用,造成漏水现象。

二、民用建筑中地下室防水设计的原理

通过对造成民用建筑地下室出现渗水、漏水的因素进行分析以后。可知水的渗透和地下室结构由于各种复杂因素产生的裂缝是其漏水的主要原因，因此在对地下室进行防水设计时，就要消除或者是减小这些因素的影响。由于地下室所处的空间位置和地球重力因素的影响，地下室围护建筑表面水分聚集是很难改变的，因此我们需要将对民用建筑地下室防水的重点放在对其附近的水分进行疏导排解以及减少其结构形变和产生的裂缝上。因此，在民用建筑中地下室防水设计就是对地下室建筑表面的水分进行围堵和疏导。所谓地下室防水设计中的“围堵”，首先是在地下室建造的过程中，要对其所设计的建筑进行不同层级的分类，并根据《地下工程防水技术规范》对民用建筑地下室防水的要求，明确地下室的防水等级，然后再确定其防水构造。因此，其防水设计的原理主要是对地下室主体结构的顶板、地板以及围护外墙采取全包的外防水的手段。而对地下室防水设计中的“疏导”而言，其主要原理就是通过构筑有效的排水设施，将聚集在地下室建筑外围表面的水进行有效疏导。给出其渗透出路，降低其渗透压力，从而减轻其对地下室主体建筑的渗透和破坏，并且通过设备将这些水分抽离地下，使其远离地下室的围护建筑。

三、民用建筑中地下室防水设计的方法

（一）合理选用防水材料

就民用建筑而言，最常用的防水材料主要有防水卷材、防水涂料、刚性防水材料和密封胶粘材料等四种类型。防水卷材又包括了改性沥青防水卷材和合成高分子卷材两种。一般来说，防水卷材借助胶结材料直接在基层上进行粘贴，其延伸性极好，能够有效预防温度、振动和不均匀沉降等造成的变形现象，整体性极好。同时工厂化生产也可以保证厚度均匀，质量稳定；防水涂料则主要分为有机和无机防水涂料两种。防水涂料具备着较强的可塑性和粘结力，将其在基层上直接进行涂刷，能够形成一层满铺的不透水薄膜，其具备着极强的防渗透能力和抗腐蚀能力，且在防水层的整体性、连续性方面都比较好；刚性防水层是指以水泥、砂石为原材料，掺入少量外加剂，抑制或调整孔隙率，改变空隙特征，形成具有一定抗渗能力的水泥砂浆混凝土类防水材料。

（二）对民用建筑地下室进行分区防水

在民用地下室防水设计的实际工作中，可以采取分区防水的方法进行防水。这种方式主要是根据地下室的形状和结构将地下室进行分区隔离，使其形成独立的防水单元，减少水在渗透某一区域后对其他区域的扩散和破坏。比如对于一些超大规格的民用建筑的地下室，可以采取分区隔离的防水策略，以便减少地下室漏水造成的破坏。

（三）采用使用补偿收缩混凝土以减少裂缝的产生

在民用建筑地下室的防水设计中，可以采取使用补偿收缩混凝土的方式来减少混凝土因为热胀冷缩所产生的裂缝，从而有效进行防水。补偿收缩混凝土则会用到膨胀水泥来对其配制，例如使用水工用的低热微膨胀水泥，常用的明矾石膨胀水泥以及石膏矾土膨胀水泥等。在民用建筑地下室的实际设计中可以采用 UEA-H 这种高效低碱明矾石混凝土膨胀剂，它能有效提高民用建筑地下室的抗压强度，且对钢筋没有腐蚀，可以有效减少混凝土产生的裂缝，实现地下室的有效防水。

（四）增强地下室周围的排水工作

在民用建筑地下室的防水设计中，要结合地下室的实际构造和周围的环境，加强对地下室周围的排水工作，将地下室周围的渗水导入预先设置的管沟，并随之导向地面的排水沟将其排出，从而减少渗水对于地下室结构的压力和破坏，实现地下室的有效防水。

（五）细部防水处理

在民用建筑地下室的防水设计中，其周遭的防护都是采用混凝土进行施工的。因此在对混凝土施工过程中，要做好其细部防水的工作。例如在穿墙管道时，对于单管穿

墙要对其进行加焊止水环，而如果是群管穿墙，则必须要在墙体内预埋钢板；例如在混凝土中预埋铁件要在端部加焊止水钢板；比如按规范规定留足钢筋保护层，不可以有负误差，防止水沿接触物渗入防水混凝土中。

综上所述，在民用建筑实际的施工过程中，地下室的规模不断扩大，其所占的建筑面积和所需要的空间也不断加大，其深度也不断加深，在无形之中加大了地下室建筑施工的技术难度，同时也增加了地下室漏水的风险。防水工程是个系统工程，从场地的选址、建筑规划开始就应有相关防水概念贯穿其中，避开不利区域，为建筑防水控制好全局；设计师应在具体设计时合理选用防水措施，控制好细节构造，将可能的渗漏隐患降到最低；施工阶段则要严格按照施工工序，保质保量完成施工任务。只有多方面管控协助，才能做出完美的防水工程。

第六节　建筑设计中自然通风的原理

在设计住宅建筑的过程中，设计人员要考虑住宅建筑的设计质量和设计效果。与此同时，也应充分的考虑住宅建筑的设计是否具有舒适性。设计人员要以居民为主，设计出较为合理的住宅建筑，这样才能为人们提供更加优越的居住空间。自然通风对人们的生活颇为重要，保证住宅内自然通风，可以有效的改善室内的空气质量，让人们的居住环境变得更加温馨，而且实现住宅内自然通风也可以节省能源，并对环境起到一定的保护作用。因此，本文将对住宅建筑设计中自然通风的应用进行深入的研究。

人们生活水平的不断提高，致使人们对建筑物室内的舒适度的要求也越来越严格。建筑物的自然通风效果的好坏会直接影响到人的舒适度。因此，对建筑物自然通风的设计尤为重要。深入对建筑物自然通风设计的思考，剖析建筑物自然通风的原理。使得传统风能相关原理及技术与建筑物的设计相结合，达到建筑物自然通风的最佳化。

一、自然通风的功能

（一）热舒适通风

热舒适通风主要是通过空气的流通加快人体表面的蒸发作用，加快体表的热散失，从而对建筑物之内的人类起到降温减湿作用。这种功能与我们夏天吹电风扇的功能类似，但是由于电风扇的风力过大，且风向集中，对于人体来说非常不健康。通过自然通风的方式可以通过空气的流通较为舒缓的加快人体的体表蒸发，尤其是在潮湿的夏季，热舒适通风不仅可以降低人体的温度，还可以解决体表潮湿的不舒适感。

（二）健康通风

健康通风主要是为了为建筑物之内的人类提供健康新鲜的空气。由于建筑物内属于一个相对密封的环境，再加上有各种人类活动，导致其中的空气质量较差。或者一些新建的建筑物，所使用的建筑材料当中本来就含有较多的有害物质，如果长时间不进行空气流通，就会对其内的人类的健康造成威胁。自然通风所具有的健康通风功能，可以有效地将室内的浑浊空气定期置换到室外。进而保证室内的空气质量，保护建筑物之内的人类健康。

（三）降温通风

所谓降温通风，就是通过空气流通将建筑物内的高温度空气与室外的低温度空气进行热量的交换。一般来说，在建筑采用降温通风的时候，要结合当地的气候条件以及建筑本身的结构特点进行综合考虑。对于商业类的建筑，过渡季节要充分进行降温通风，而对于住宅类的建筑，在白天应该尽量避免外界的高温空气进入建筑物。而到了晚上可以使用降温通风来降低室内温度，从而减少空调等其他降温设备的能耗。

其特点主要体现在以下几个方面：①室外的风力会对室内的风力造成影响，当两种风力结合在一起后就会促使室内空气的流通。这样就能有效的减少室内污染空气的排放，降低室内的稳定，达到自然通风的效果。②要想有效实现自然通风，还应考虑热压风压对自然通风造成的影响，借助外力解决影响自然通风的因素。

二、建筑设计中对自然通风的应用

（一）由热压造成的自然通风

风压和热压是促进自然通风的力量，通常而言，当室内与室外的气压形成差异的时候，气流就会随着这种差异进行流动。从而实现自然通风，促使室内空气的流通，使得居住者感到居住舒适，通风气爽。自然通风无疑是相对于电器的通风更加健康、更加经济、更加舒适的通风方式。有时候通风口的设置对于促进通风也具有重要的作用，有助于加强自然通风的实施效果。影响热压通风的因素有很多种：窗孔位置、两窗孔的高差和室内空气密度差都是重要的因素。在建筑设计实施的过程中，使用的方法有很多，例如建筑物内部贯穿多层的竖向井洞也是一种重要的方法，通过合理有效的通风方法实现空气的流通。实现建筑隔层空气的流通将热空气通过流通排除室外，达到自然通风，促进空气的交换。和较风压式自然通风对比而言，热压式自然通风对于外部环境的适应性也是很高的。

（二）由风压造成的自然通风

这里所说的风压，是指空气流在受到外物阻挡的情况下所产生的静压。当风面对着建筑物正面吹袭时，建筑物的表面会进行阻挡，这股风处在迎风面上，静压自然增高，并且有了正压区的产生。这时气流再向上进行偏转，并且会绕过建筑物的侧面及正面，并在侧面和正面上产生一股局部涡流，这时静压会降低，负压差会形成，而风压就是对建筑背风面以及迎风面压力差的利用，压力差产生作用，室内外空气在它的作用下，压力高的一侧向压力低的一侧进行流动，并且这个压力差与建筑与风的夹角、建筑形式、四周建筑布局等几个因素关系密切。

（三）风压与热压共同作用实现自然通风

自然通风也有一种通过风压和热压共同作用来实现自然通风，建筑物受到风、热压同时作用时，建筑物会在压力的作用下受风力的各种作用，风压通风与热压通风相互交织，相互促进，实现通风。一般来说，在建筑物比较隐蔽的地方，对于通风的实现也是必要的，这种风向的流向是在风压和热压的相互作用下进行的。

（四）机械辅助式自然通风

现代化的建筑楼层越来越高，面积越来越大，实现通风的必要性更大。同时也必然会面对的一个问题是这也使得通风路径更长，这样空气就会受到建筑物的阻碍，因此，不得不面对的现实是简单的依靠自然风压及热风无法实现优质的通风效果。但是，对于自然通风需要注意的一个问题是，由于社会发展造成的自然环境恶化，对于城市环境比较恶劣的地区。自然通风会把恶劣的空气带入室内，造成室内空气的污染，危害到居住者的身体健康，这时就需要辅助的自然通风，这有助于室内空气的净化。不仅实现室内的通风，也不将影响身体健康的恶劣空气带入室内。

总而言之，自然通风在建筑中不仅仅改善了室内的空气问题，同时还调节了室外的环境问题。这种自然通风受到很多人的关注，相信随着技术的发展，自然通风技术一定会在建筑设计中取得理想的成绩。

第七节　建筑的人防工程结构设计原理

对于建筑工程而言，人防工程的建设十分重要，特别是对于高层建筑而言更是重中之重。不仅可以在人们正常生活中发挥重要的作用，还可以保证战时人们的生命与财产安全。在我国的高层建筑建设中对于人防工程的结构设计有着相当严格的要求。而人防工程的建设质量直接影响着其使用的寿命。本文通过对高层建筑的人防工程结构设计原理进行分析，探讨高层建筑的人防工程结构设计方法。

人防工程又被称之为人防工事，其建设的主要目的是保障战时人们的生命与财产的安全，避免在敌人突然袭击后遭受重大的损失而失去战争的潜力。而高层建筑的人防工程结构设计主要是针对防空地下室等而言的，保证在战时人们的财产能够安全的转移。所以对于人防工程的结构设计而言尤为重要。

一、人防工程的结构设计原理

人防工程的含义是人民防空工程，在我国的人防工程结构设计当中主要将人防工程与建筑本身相结合。对于高层建筑而言其主要设计呈现方式为地下室，而地下室的设计是高层建筑在进行建筑设计时本身就需要考虑的事情，其设计的目的不仅仅是为了防空工程的需要，在平常还可以为人们的正常生活提供必要的作用。而其作为一种人防工事必须要对其建筑的稳定性进行分析，在我国的很多高层建筑的地下室当中，在正常时期都作为储藏室或者地下车库来进行使用，等到了战时这些地方就会变成坚固的防空工事，保障人们的生命安全。所以高层建筑的地下室在建筑设计时不仅要考虑其使用性能还要对其坚固性能进行分析，首先人防工程其承受的负载范围除了要承受高层建筑的压力之外还需要对在战时可能发生的各种爆炸承受能力进行考虑，比如说在核弹爆炸时所承受的冲击负载。而人防工程则需要对这种冲击负载进行直接承受，所以对于其承受力一定要有着精准的计算。

这种承载力的设计在平常时期不可能对其进行结构方面的实际试验所以在一般的高层建筑的人防工事设计当中一般以等效静载法的方式对其进行验算。例如对于核弹爆炸时的结构承受力的计算，这种爆炸力所造成的承受力大但是其作用时间比较短，所以对于地基的承载力以及并行与裂缝等一些情况可以不作验算。虽然在战时对于其荷载力的要求通常比较高，但是在进行结构设计时也不需要与战时可能承受的所有荷载力进行硬性的需求，而是与平常情况进行对于，将战时可能发生的最大承受力进行实验。而对于不同楼层的高层建筑其人防工程的结构设计有着不同的设计原理，对于楼层较多的建筑而言，其楼层的本身负载；力也要计算在内，而对于平时与战时的受力情况进行双重的分析，取其最大值作为受力依据。

二、人防工程的结构设计方法

首先对于高层建筑的人防工程的设计而言要遵循，上部楼层的高层设计要与下部的人防工事相一致。而对于人防工程而言，首先要考虑其使用性能。不能在地面进行设计，所以对于该工程的结构设计而言，只要遵循其承载力与建筑构件的质量要求，一般就可以满足其设计需求。

（一）材料强度的设计

人防工程与其他工程有着本质上的区别，普通工程所需要承受的荷载主要是在平时人们的使用过程当中所承受的静荷载。或者说是建筑本身所拥有的静荷载保护，而对于人防工程而言，其建筑的主要目的是展示人们的生命安全进行保障。所以其承受的荷载主要是由于战争引起爆炸后所造成的动荷载，两种荷载的目的截然不同，静荷载指的是工程质量本身所决定的工程使用年限，而动荷载则指的是在受到外界因素冲击时工程所承受的负荷力。所以对于人防工程的结构设计而言，其结构的设计以及结构材料的选用，应当在考虑瞬时动荷载力的情况下进行结构的最大化设计，将所承受的最大负荷系数作为其防御的主要系数，对于钢材、混凝土都需要按照不同的负荷强度进行等级的限定。在进行普通情况下人防系数的建筑设计时，所选用的材料应该在其所承受的综合受力系数上进行大于 1 的材料强度，而在对于脆性破坏的部位而言，其承受的负荷力应该是小于 1 的负载力，所以在建筑结构设计时应当区别开来。

（二）参数的选取

在我国目前的高层建筑人防工程的设计当中，对于计算机技术的应用已经较为先进，PKPM 计算机软件技术的应用以及较为普遍。这种技术的应用情况下只需要对建筑构造中梁、板的设计进行需求的数据输入，然后运用 BIM 技术进行建筑模型的构造，再将所计算出来的建筑结构最大承载力的相应数据进行输入，可以直接检验其结构的设计十分符合要求，也可以通过数据对梁、板的配筋图进行改善，对于人防工程而言其电算数据的真实性与科学性非常重要。在进行电算数据的计算时，主要是将主楼与裙楼进行连接计算，而楼板所选用的一般为非抗震构件，所有其数据不会受其他因素的影响，而对于梁而言，属于一种抗震构件，所以其数据会由于抗震承载力而产生误差，所以对于两种构件的电算顺序应该进行分别的计算，首先对于梁、柱子、墙等抗震构件的抗震承载力进行分析，将其电算数据与板的电算数据相隔开进行不同的方法计算，在实际的计算过程当中，对于人防工程的承载力电算数据应该减去抗震承载力，其次再进行构件的设计。因为抗震负荷力的承受与战时所产生的爆炸动荷载是完全不一样的，所以应当进行分类处理。

在高层建筑的构建过程当中，应当将地下人防工程的结构设计放在首位，对于楼层的设计而言主要采取静荷载的计算方式。而对于地下防空工程结构设计而言主要采取动荷载的计算方式。高层建筑的人防工程对于人们的正常生活有着非常大的帮助，不但可以在平常时期对于人们的正常生活起着作用，而且在战时还可以作为人们生命财产安全的一种保障。所以对于人防工程的结构设计一定要做到数据的精确、设计的科学以及建筑质量的保障。

第八节　高层建筑钢结构的节点设计原理

随着城市化进程的不断加快，高层建筑兴起，高层建筑的质量问题越来越受到关注。在高层建筑中，钢结构的应用越来越广泛，因此，钢结构的节点设计就显得尤为重要。本文分析了高层建筑钢结构的节点设计原理，然后就高层建筑钢结构的节点设计应用进行了探讨。

在现代建筑工程中，钢结构在高层建筑中的应用越来越广泛，钢结构包括两个构成部分：构件和节点，这两个部分相互联系、密不可分，在钢结构的实际应用中，如果保证了构件的质量而不注重节点设计，钢结构的质量也无法保证。钢结构因其稳定性广泛应用在高层建筑中，但在实践中，仍有很多建筑物会因为种种原因受到损坏，其中一个很重要的原因就是钢结构的节点设计没有按照相关规定进行，因此，钢结构不仅要求构件符合质量，还需要进行合理的节点设计，从而更好地保证钢结构的稳定性，确保建筑物的质量。

一、高层建筑钢结构的节点设计原理

（一）高层建筑钢结构的节点连接方式

一般说来，高层建筑钢结构的节点连接方式有三种：焊接连接、高强度螺栓连接、栓焊混合连接。焊接连接，这种连接方式的优点是传力和延展性好，操作简便，缺点是残余应力强，抗震力弱。对于焊接连接这种方式来说，使用最广泛的是全熔透的焊缝技术，该焊接技术针对塑性区域和高强度区域的连接效果比较好；高强度螺栓连接，这种连接方式一般情况下应用在需采用摩擦型的高层建筑钢结构中，该方式施工简便，但是成本较高，且振动强烈时易出现滑移的情况；栓焊混合连接，该连接方式在高层建筑物翼缘和腹板部分使用最为广泛，其施工简便，成本较低，具有一定的优越性，但是，在使用栓焊混合连接时要注意温度的影响。

（二）高层建筑钢结构节点的设计要求

钢结构包括构件和节点两个部分，在高层建筑中，影响钢结构质量的一个关键因素是节点。为了保证业主对质量的要求，可以采用焊接连接方式来保证焊缝质量，焊接连接工序简便，便于安装，下面介绍几种节点连接方式：

（1）刚性连接节点。建筑力学要求建筑钢结构的节点设计保持连续性，只有符合这个要求，钢结构节点连接处的各个构件形成的角度才会实现最大承载力且不易发生变化。并在此基础上连接而成的钢结构的强度大小远远超过被连接构件所形成的强度和大小。钢结构的连接方式主要有两种，焊缝连接和螺栓连接，与焊接连接相比，螺栓连接工序简单、成本低廉，能在一定程度上保证钢结构的质量。柱和柱之间的连接也是钢结构节点设计应该注意的一个问题，在施工时，柱和柱之间的连接可以按照截面的变化分成等截面拼接和变截面拼接两种，而等截面焊接拼接与梁的拼接方法基本一致。

（2）半刚性连接节点。半刚性连接节点的设计要求其承载力不得低于建筑物的承载力，而且半刚性连接节点的连接方式与高层建筑物设计不一致会使得建筑结构的弹性强度超过钢结构连接节点的弹性刚度，因此，不使用半刚性连接节点。

（3）铰接连接节点。高层建筑中，钢结构主梁和次梁铰接连接节点设计应用比较广泛。与混凝土结构对比，钢结构主梁和次梁铰接连接节点更接近实际，且节点受力简单，主梁和次梁之间采用腹板摩擦性高强螺栓实现铰接连接，螺栓的抗剪承载力是考虑最广泛的因素，门式刚架因内力较小，柱脚可采用铰接连接，为了工程材料运输的方便，一般会将大跨梁分段设计，运输到施工现场后再进行拼接。

二、高层建筑钢结构的节点设计应用

钢结构因其稳定性被广泛应用在高层建筑中，但是，实践中，仍有很多建筑物会因为种种原因受到损坏，其中一个很重要的原因就是钢结构的节点设计没有按照相关规定进行，因此，钢结构不仅要求构件符合质量，还需要进行合理的节点设计。从而更好的保证钢结构的稳定性，保证建筑物的质量，下面将从高层建筑钢结构的节点设计进行分析。

（一）梁与柱连接节点的设计

梁与柱的连接方式主要有三种，铰接连接，该连接方式柱身会受到梁端的竖向剪力的影响，由于轴线夹角随意。因此，在进行节点设计时不用考虑转动的影响；刚性连接，该连接方式中柱身要受到梁端传递的弯矩的影响，轴线夹角不能随意改动；半刚性连接，介于铰接连接和刚性连接之间的一种连接方式，轴线夹角可以在一定的限定范围内改变。钢结构框架中柱的结构是贯通型的，因此，考虑到高层建筑的抗震性设计，需要对框架与支撑的梁柱使用刚性连接，分为梁柱直连或者是梁与悬臂拼连。高层建筑中钢结构的节点设计一定要考虑抗震性的要求，包括使用全熔透的焊缝技术，该技术可以最大限度地增强柱与梁翼缘之间的连接，确保连接处的稳固性，同时，还可以对腹板角处的扇形切角进行合理的设计。在进行梁与柱连接节点的设计时，还需要使梁的全截面塑性模量高于翼缘的70%，且腹板与柱的连接要大于两块，最低不能低于1.5倍，这样可以保证梁与柱连接的稳固性，从而最大程度上保证高层建筑物的安全。

（二）主梁和次梁的节点设计

主梁与次梁的节点设计主要针对的是悬臂梁段和梁之间的节点连接，即翼缘采用全熔透焊接连接。腹板之间以及腹板与翼缘之间采用螺栓连接方式，螺栓连接方式中，使用最广泛的是摩擦型。主梁与次梁的节点设计，要充分考虑剪力的影响，考虑因为连接而产生的连接弯矩。这是对次梁来说，对主梁则可忽视。高层建筑的抗震设计也是需要考虑的重点，因此，需要考虑横梁框架带来的侧向屈曲，需要对横梁设置支撑构件，从而可以有效支撑横梁，最大程度确保钢结构的稳定性和安全性。

（三）柱和柱的节点设计

为了运输的便利，柱与柱的连接通常都是在施工现场进行的，为了保证稳定性，框架一般采用工字型或方形截面柱，如果是箱形柱一般采用焊接的形式，而柱与柱之间的焊接应该采用 V 型或 U 形焊缝，而且焊接角度不能少于 1/3，更不能少于 14 mm。为了钢结构的稳固性，柱与柱的节点连接还应该安装耳板，但是需要注意的是，耳板的厚度不能超过 10 mm，且坡口深度应大于板厚的 1/2。

（四）柱脚的节点设计

柱脚主要是起固定作用，将柱脚固定在整个柱的底端，通过这种固定，可以将整个柱身承受的内力下传至基础，因基础使用钢筋混凝土制造而成，其承受的压力值远远大于接触面所受到的力，因此对柱脚的节点设计可以使高层建筑物最大限度的承受压力，保证稳定性。在柱脚的节点设计中，铰接柱脚的设计能使轴心承受更大的压力，如果柱轴承受的压力值较小，能将柱脚的下端与底板进行直接焊接。

随着城市化进程的不断加快，我国的高层建筑也在不断的增加，钢结构也广泛地应用在高层建筑中，钢结构的应用也在一定程度上加快了建筑业的发展。在高层建筑中，钢结构具有其他结构不可比拟的优越性，相应地，对钢结构也就提出了更高的要求，要保证钢结构的质量，需要不断提高钢结构的节点设计，从理论和实践上不断完善，以更好的保证高层建筑的质量，促进我国建筑业的发展。

第四章　房屋建筑设计

随着社会经济的快速发展和人民生活水平的提高，人们对生活环境提出了越来越高的要求。其中，住宅商品化进程日益加快，为建筑设计的发展提供了越来越多的空间。但由于房屋和建筑物经常受到许多因素的影响，无法避免地会出现一些不合理的设计。本章主要对房屋建筑设计展开讲述。

第一节　房屋建筑空间构成及构造

一、房屋建筑空间构成

房屋建筑空间有室内空间与室外空间两类，使室内外空间结合在一起。这里仅就室内空间而言。为满足生产、生活的需要，房屋建筑是由大小不等的各种使用空间及交通联系空间所构成。由于房屋功能的不同，建筑使用空间的大小、数量及组合形式多种多样，所以建筑空间构成千变万化，因而建筑体形也是各式各样。一般建筑空间的组合形式大体上可分为下列几种：

1. 单元式

其特点是房间围绕一个公共使用部分（通常是交通中心）布置。多层职工住宅是单元式空间组合形式的典型例子。多层的职工住宅都是以楼梯间为中心，每层围绕楼梯间布置各自的房间。

2. 走廊式（过道式）

常见的宿舍楼、教学楼、办公楼、医院等都属于这种空间组合方式。它以比较长的公共走廊（外廊或内廊）联系同一层的各个房间。

3. 套间式（穿堂式）

各使用空间彼此连通，如商场、展览馆等建筑都是这样的空间组合方式。大多数生产厂房也是这种方式。

4. 大厅式

如影剧院、体育馆、大会堂等，它们的特点是有一个大空间的观众厅或会议厅为建筑的主体，而在周围布置一些较小的使用房间。

二、房屋建筑构造

（一）建筑构造概述

建筑构造是一门研究建筑物各组成部分的构造原理和构造方法的学科，是建筑设计不可分割的一部分。它具有实践性和综合性强的特点，在内容上不仅反映了对实践经验的高度概括。而且还涉及建筑材料、力学、结构、施工以及建筑经济等有关方面的理论。因此，其研究的主要任务是依据建筑物的功能要求，提供适用、安全、经济和美观的构造方案，以作为建筑设计中综合解决技术问题及进行施工图设计的依据。

1. 建筑物的构造组成及其作用

建筑类型多样，标准不一，但建筑物都有相同的部分组成。一幢民用或工业建筑，一般由基础、墙或柱、楼板层及地坪层、楼梯、屋顶和门窗等六大部分组成，它们处于不同的部分，发挥着各自不同的作用。

（1）基础

基础与地基直接接触，是建筑物最下部的承重构件，其作用是承受建筑物的全部荷载，并将这些荷载传给它下面的土层以地基。因此，基础必须坚固稳定、安全可靠，并能抵御地下各种有害因素的侵蚀。

（2）墙或柱

墙是建筑物的承重构件和围护构件。作为承重构件，墙承受建筑物由屋顶和楼板层传来的荷载，并且将这些荷载传给基础。当用柱代替墙起承重作用时，柱间的填充墙只起围护作用。建筑物的外墙起着抵御自然界各种因素对室内侵袭的作用；内墙起着分隔房间、创造室内特定环境的作用。因此，要求墙体根据功能的不同，分别具有足够的强度、稳定、保温、隔热、隔声、防水和防火等性能以及一定的经济性和耐久性。

为了扩大空间，提高空间的灵活性，也为了结构的需要，有时不设墙，而设柱来起承重作用。柱是框架或排架结构的主要承重构件，与承重墙一样承受屋顶和楼板层及其吊车传来的荷载，必须具有足够的强度、刚度和稳定性。

（3）楼板层及地坪层

楼板层是建筑水平方向的承重和分隔构件，承受家具、设备和人体荷载及本身的自重，并将这些荷载传给墙或柱。同时，楼板层将建筑物分为若干层，并对墙体起着水平支撑的作用。楼板层应有足够的强度、刚度、隔声、防水、防潮、防火等性能。地坪层是底层房间与土壤相接触的部分，承受底层房间内部的荷载。地坪层应具有坚固、耐磨、防潮、防水和保温等性能。

（4）楼梯

楼梯是建筑的垂直交通构件，供人们上下楼层、紧急疏散以及运送物品之用。因此，要求楼梯具有足够的通行能力以及防火、防滑功能。

（5）屋顶

屋顶是建筑物最上部的外部围护构件和承重构件。作为外部围护构件，屋顶抵御各种自然因素（风、雨、雪霜、冰雹、太阳辐射热、低温）对顶层房间的侵袭；作为承重构件，屋顶又承受风雪荷载及施工、检修等屋顶荷载，并将这些荷载传给墙和柱。因此，屋顶应该具有足够的刚度、强度以及防水、保温、隔热等性能。另外，屋顶对建筑立面造型也有重要的作用。

（6）门窗

门与窗均属非承重构件。门的主要作用是交通，同时还兼有采光、通风及分隔房间的作用，窗的主要作用是采光和通风，在立面造型中也占有比较重要的地位。对某些有特殊要求的房间，门、窗应具有保温、隔热、隔声、防火、排烟等功能。

一座建筑物，除了上述基本组成构件外，对不同使用功能的建筑，还有各种不同的构件和配件，如阳台、雨棚、散水、台阶、烟囱、爬梯等，有关构件的具体构造将于后面各节详述。

2. 影响建筑构造的因素

影响建筑构造的因素有很多，大体有以下几个方面。

（1）荷载因素的影响

建筑物在建造和使用的过程中，都无法避免地发生着变形。如基础的沉降、混凝土的变形、高层建筑在风荷载作用下的侧向位移等。建造在可能会发生地震区域的建筑物，对震害发生时产生的变形及受到的破坏，绝对不能掉以轻心。变形等因素对建筑物有可能造成的危害，也是不容忽视的。

作用在建筑物上的各种外力，统称为荷载。荷载分为恒荷载（如结构各组成部分的自重）和活荷载（如人群、家具等附加作用）。荷载是结构选型、构造方案以及进行细部构造设计的重要依据，而构件的选材、尺度、形状等又与构造方式密切相关。因此，在确定建筑构造方案时，必须考虑荷载的影响。

（2）自然因素和人工环境的相互影响

我国幅员辽阔，各地区所处位置及地理环境不同，气候条件相差悬殊。而建筑物是室内外的界定物，处在自然因素和人工因素的交互作用下。对外，需要保证通风、采光、防御等作用；对内，又要满足防水、保温和隔热等人工环境。风吹、日晒、雨淋、积雪、冰冻和地下水等自然因素会给建筑物带来很大的影响，而人工因素影响指的是火灾、化学腐蚀、机械振动、噪声、爆炸等因素对建筑物的影响。这些影响，在建筑屋面和外墙体现得尤为明显。为了防止这些因素对建筑物的破坏，在构造设计时，应针对建筑物所受影响的性质与程度，对各有关构配件及部位采取必要的防范措施，如防潮、防水、保温、隔热、防火、隔声、设伸缩缝、设隔蒸汽层等。

（3）建筑技术因素的影响

建筑技术因素的影响是指建筑材料、建筑结构、建筑施工技术对于建筑物的设计与建造的影响。建筑材料性能是建筑构造得以成立的基本依据，决定了材料的可加工性、构件相互连接的可能性和构造节点的安全性及耐久性等。只有不断地了解新材料的性能和加工工艺，掌握它们在长期的使用过程中有可能出现的变化，才有可能使相应的设计更趋合理。由于建筑技术的改变，新材料、新工艺和新技术的不断涌现，建筑构造技术也在不断发展和变化。因此，建筑构造做法不能脱离一定的建筑技术条件而存在，它们之间的关系是相互促进、共同发展的。

（4）经济条件的影响

建筑构造设计是建筑设计中不可分割的一部分，设计必须考虑经济效益。随着建筑技术的不断发展和人们生活水平的不断提高，对建筑构造的要求也随着经济条件的改变而发生着巨大的变化。

（5）建筑标准的影响

建筑标准一般包括造价标准、装修标准和设备标准等。标准高的建筑装修质量好，设备齐全，档次较高，造价也比较高。建筑构造方案的选择与建筑标准密切相关。一般情况下，大量型民用建筑多属于一般标准的建筑，构造做法也多为常规做法；而大型公共建筑标准要求较高，构造做法复杂。

3. 建筑构造的设计原则

建筑构造设计应该遵循如下基本原则。

（1）满足建筑物使用功能及变化的要求

满足使用者的要求是建筑建造的初始目的，由于建筑物的使用周期普遍较长。改变原设计使用功能的情况屡有发生，而且建筑在长期的使用过程中还需要经常性的维修，因此在对建筑物进行构造设计的时候，也应当充分考虑这些因素，并提供相应的可能性。

（2）充分发挥所用材料的各种性能

充分发挥材料的性能意味着最安全合理的结构方案、最方便易行的施工过程以及最符合经济原则的选择。在具有多种选择可能性的情况下，应经过充分比较，进行合理选择并优化设计。

（3）注意施工的可能性和现实性

施工现场的条件及操作的可能性是建筑构造设计时必须予以充分重视的，有时有的构造节点仅仅因为设计时没有考虑留有足够的操作空间。而在实施时不得不进行临时修改，费工费时，又使得原有设计不能够实现。此外，为了提高建设速度，改善劳动条件，保证施工质量，在构造设计时应尽可能创造构件工厂标准化生产以及现场机械化施工的有利条件。

（4）注意感官效果及对建筑空间构成的影响

构造设计能够使得建筑物的构造连接合理，同时又赋予构件以及连接节点以相应的形态，在进行构造设计时，就必须兼顾其形状、尺度、质感、色彩等方面给人的感官印象以及对整个建筑物的空间构成所造成的影响。

（5）讲究经济效益和社会效益

工程建设项目是投资较大的项目，保证建设投资的合理运用是每个设计人员义不容辞的责任，在构造设计方面同样如此。其中，牵涉材料价格、加工和现场施工的进度、人员的投入、有关运输和管理等方面的相关内容。另外，选用材料和技术方案等方面的问题，还涉及建筑长期的社会效益，例如安全性能和节能环保等方面的问题，在设计时应有足够的考虑。

（6）符合相关各项建筑法规和规范的要求

法规和规范的条文是不断总结实践经验的产物，并且带有强制性要求和示范性指导两方面的内容。而且规范会随着实际情况的改变而不断做出修改，设计人员熟知并遵守相关规范和法规的要求是取得良好设计和施工质量的基本保证。

总之，在建筑构造设计中全面考虑坚固适用、美观大方、技术先进、节能环保、经济合理是最根本的原则。

4. 建筑构造详图的表达方式

建筑构造设计是通过构造详图来加以表达的，构造详图通常是在建筑的平、立、剖面图上，通过引出放大或进一步地剖切放大节点的方法，将细部用详图表达清楚。除了构件形状和必要的图例外，构造详图中还应该标明相关的尺寸以及所用的材料、级配、厚度和做法。

（二）墙体

墙体位于基础之上，是建筑物的重要组成构件，从形式上看，墙体的地下延伸部分就是基础。墙体的主要作用包括承重作用、围护作用、分隔作用。

1. 墙体的类型和设计要求

（1）建筑物墙体的分类

1）按墙体所在位置分类

建筑物的墙体，根据其在房屋中所处位置的不同，可分为外墙和内墙。位于建筑物四周的墙体称为外墙，外墙是房屋的外围护结构，起着界定室内外空间、遮风、挡雨、保温、隔声等围护室内房间不受侵袭的作用。凡不与外部空间接触，而位于建筑物内部的墙体称为内墙，内墙的作用主要是分隔房间。

2）按墙体所用材料分类

建筑物的墙体，按其所用材料的不同，可分为砖墙、石墙、夯土墙、砌块墙、钢筋混凝土墙以及其他用轻质材料制作的墙体。

①砖墙。实心黏土砖虽然是我国传统的墙体材料，但它越来越受到材源的限制。我国有很多地方已经限制在建筑中使用实心黏土砖。

②石墙。石材和生土往往只是作为地方材料在产地使用，价格虽低，但加工不便，而砌块墙是砖墙的良好替代品，由多种轻质材料和水泥等制成，如加气混凝土砌块。

③混凝土墙。混凝土墙则可以现浇或预制，在高层建筑中应用较多。目前，装配式建筑在推广中，墙体材料也在不断发展和改进过程中。

④幕墙。常见的幕墙有玻璃幕墙、石幕墙、金属薄板幕墙、复合材料板幕墙等，主要用于建筑物的外墙，一般不承重。

3）按墙体受力情况分类

①承重墙：直接承受楼板、屋面板传来的垂直荷载及风和地震力传来的水平荷载。

②非承重墙：不承受外荷载的作用，在建筑中只起围护和分隔空间的作用。在砖混结构中，非承重墙可以分为自承重墙和隔墙。自承重墙仅承受自身重量，并把自重传给基础；隔墙则把自重传给楼板层或附加的小梁。在框架结构中，非承重墙可以分为填充墙和幕墙两种。填充墙是位于框架柱之间的墙体。当墙体悬挂于框架梁柱的外侧起围护作用时，称为幕墙，幕墙的自重由其连接固定部位的梁柱承担。

4）按构造方式分类

①实体墙：采用单一材料或复合材料（砖和加气混凝土复合墙体）砌筑的不留空隙的墙体，如普通砖墙。

②空体墙：由一种材料构成，但墙内留有空腔，也可用本身带孔的材料组合而成，如空心砌块墙。

③复合墙：由两种或两种以上材料组成，可以提高墙体的保温、隔声或其他功能。如混凝土、加气混凝土复合板材墙，其中混凝土起承重作用，加气混凝土则起保温隔热作用。

5）按施工方法分类

①块材墙：用砂浆等胶结材料将块体材料按一定的方式组砌的墙体，如砖墙、石墙及各种砌块墙等。

②浇筑墙：在施工现场立模板、现场进行整体浇筑的混凝土或钢筋混凝土板式墙体，一般作为多层或高层建筑的承重墙。

③板材墙：在工厂预先制成墙板，运到施工现场，在施工现场安装、拼接而成的墙体，常用的有预制钢筋混凝土大板墙、各种轻质条板墙。

（2）墙体的设计要求

根据墙体所处的位置和功能的不同，设计时应考虑以下要求。

1）具有足够的强度、刚度和稳定性，以保证安全

强度是指墙体承受荷载的能力，与墙体采用的材料、材料的强度等级、墙体尺寸（墙体的截面面积）、墙体的构造和施工方式有关。

墙体的稳定性与墙的长度、高度和厚度有关，即与建筑物的层高、开间或进深尺寸有关。一般通过适当的高厚比，加设壁柱、圈梁、构造柱以及加强墙与墙或墙与其他构件的连接等措施以便增加稳定性。圈梁与构造柱相互连接，形成空间骨架，加强墙体抗弯、抗剪能力，使墙体在破坏过程中具有一定的延伸性，减缓墙体产生酥碎现象。

墙体高厚比的验算是保证砌体结构在施工阶段和使用阶段的稳定性的重要措施。墙、柱高厚比是指墙、柱的计算高度与墙厚的比值。高厚比越大，构件越细长，其稳定性越差。高厚比必须控制在允许值以内，允许高厚比限值是综合考虑砂浆强度等级、材料质量、施工水平、横墙间距等诸多因素确定的。为满足高厚比要求，通常在墙体开洞口部位设置门，在长而高的墙体中设置壁柱。

2）具有必要的保温、隔热等方面的性能

我国幅员辽阔，气候差异大，墙体作为围护构件应具有保温、隔热的性能。

①对有保温要求的墙体，须提高其构件的热阻，通常采取以下措施。

A. 增加墙体的厚度。墙体的热阻与其厚度成正比，要提高墙身的热阻，可以增加其厚度，但不经济。

B. 选择导热系数小的墙体材料。要增加墙体的热阻，常选用导热系数小的保温材料，如泡沫混凝土、加气混凝土、陶粒混凝土、膨胀珍珠岩、膨胀蛭石、浮石及浮石混凝土、泡沫塑料、矿棉及玻璃棉等。其保温构造有单一材料保温结构和复合保温结构之分。单纯的保温材料，一般强度较低，大多无法单独作为墙体使用。利用不同性能的保温材料组合就可构成既能承重又可保温的复合墙体，在这种墙体中，轻质材料（如泡沫塑料）专起保温作用，而强度高的材料（如黏土砖等）专门负责承重。

C. 采取隔蒸汽措施。为防止墙体产生内部凝结，常在墙体的保温层靠高温一侧，即蒸汽渗入的一侧，设置一道隔蒸汽层。隔蒸汽层材料一般采用沥青、卷材、隔汽涂料以及铝、箔等防潮、防水材料。

常用外墙内保温的构造做法如下。

A. 硬质保温制品内贴：在外墙内侧用粘结剂粘贴增强石膏聚苯复合保温板等硬质建筑保温制品，然后在其表面粉刷石膏，并在里面压入中碱玻纤涂塑网格布（满铺），最后用腻子嵌平，做涂料。

B. 保温层挂装：先在外墙内侧固定衬有保温材料的保温龙骨，在龙骨的间隙中填入岩棉等保温材料，然后在龙骨表面安装纸面石膏板。

常用外墙外保温的构造做法如下。

A. 保温浆料外粉刷：在外墙外表面做一道界面砂浆后，粉刷胶粉聚苯颗粒保温浆料等保温砂浆。如保温砂浆的厚度较大，应当在里面钉入镀锌钢丝网，以防止开裂（满铺

金属网时应有防雷措施)。保护层及饰面用聚合物砂浆加上耐碱玻纤网格布,最后用柔性耐水腻子嵌平,涂表面涂料。

B. 外贴保温板材:用黏结胶浆与辅助机械锚固方法一起固定保温板材,保护层用聚合物砂浆加上耐碱玻纤网格布,饰面用柔性耐水腻子嵌平,涂表面涂料。考虑高层建筑进一步地防火需要,在高层建筑 60m 以上高度的墙面上,窗口以上的一段保温应采用矿棉板。

C. 外加保温砌块墙:选用保温性能较好的材料,如加气混凝土砌块、陶粒混凝土砌块等全部或局部在结构外墙的外面再贴砌一道墙。

②墙体的隔热要求。提高墙体隔热性能的途径如下:

A. 外墙宜选用热阻大、重量大的材料;

B. 外墙表面应选用光滑、平整、浅色的材料;

C. 在外墙内部设置通风间层,利用空气的流动带走热量;

D. 在窗口外侧设置遮阳设施,以遮挡太阳光直射室内;

E. 在外墙外表面种植攀绿植物。

3)符合燃烧性能和耐火极限的要求

选用的材料及截面厚度都应符合防火规范中相应燃烧性能和耐火极限所规定的要求。选择燃烧性能和耐火极限符合防火规范规定的材料。在较大建筑中应设置防火墙,把建筑分成若干区段,以防止火灾蔓延,达到满足防火规范的要求。

4)满足隔声的要求

①加强墙体的密封处理,如墙体与门窗、通风管道等的缝隙进行密封处理。

②增加墙体密实性及厚度,避免噪声穿透墙体及墙体振动。

③采用有空气间层或多孔性材料的夹层墙,空气或玻璃棉等多孔材料具有减振和吸音作用,以提高墙体的隔声能力。

④在建筑总平面中考虑隔声问题。

5)满足防潮、防水以及经济等方面的要求

采取防潮、防水措施,使建筑满足防潮、防水以及经济等方面的要求。

2. 块材墙体的基本构造

块材墙是用砂浆等胶结材料将砖石块材等组砌而成的墙。砌筑用的块材多为刚性材料,即材料的力学性能中抗压强度较高,但抗弯、抗剪性较差。这种材料常用的有普通黏土砖、石材、各类不配筋的水泥砌块等。胶结材料主要是砂浆,常用的砂浆有水泥砂浆、混合砂浆、石灰砂浆和黏土砂浆。一般情况下,块材墙具有一定的保温、隔热、隔声性能和承载能力,生产制造及施工操作简单,不需要大型施工设备,但是现场湿作业较多、施工速度慢、劳动强度较大。从我国实际情况出发,块材墙在今后相当长一段时期内仍将广泛地采用。

(1)常用块材及砂浆

砌体墙中常用的块材有各种砖和砌块。

当砌体墙在建筑物中作为承重墙时，整个墙体的抗压强度主要是由来自砌筑块材的强度而不是粘结材料的强度决定的。常用砌筑块材的强度等级按抗压强度平均值表示如下。

黏土砖：MU30、MU25、MU20、MU15、MU10、MU7.5。(MU30 即砖的抗压强度平均值不小于 30.0N/mm2,依此类推)

石材：MU100、MU80、MU60、MU50、MU40、MU30、MU20、MU15、MU10。

水泥砌块：MU15、MU10、MU7.5、MU5、MU3.5。

混凝土小型空心砌块：MU20、MU15、MU10、MU7.5、MU5。

1)砖的分类

①按生产原料不同分为黏土砖、灰砂砖、页岩砖、煤矸石砖、水泥砖以及各种工业废料砖(如炉渣等)。

②按孔洞率不同分(从外观上看)为实心砖、空心砖和多孔砖。

③按制作工艺不同分为烧结砖和蒸压养护成型砖等。目前常用的有烧结普通砖、蒸压粉煤灰砖、蒸压灰砂砖、烧结空心砖和烧结多孔砖。烧结普通砖指各种烧结的实心砖(包括孔洞率小于 15% 的砖),其制作的主要原材料可以是黏土、粉煤灰、煤矸石和页岩等，按功能有普通砖和装饰砖之分。黏土砖具有较高的强度和热工、防火、抗冻性能，但由于黏土材料占用农田的原因，各大中城市已分批逐步在住宅建设中限制使用实心黏土砖。随着墙体材料改革的历程，在大量型民用建筑中曾经发挥重要作用的实心黏土砖将逐渐退出历史舞台，被各种新型墙砖产品替代。蒸压灰砂砖是以石灰和砂为主要原料，经坯料制备、压制成型、蒸压养护而成的实心砖，简称灰砂砖。蒸压粉煤灰砖是以粉煤灰为主要原料，掺加适量石膏和集料，经坯料制备、压制成型、高压蒸汽养护而成的实心砖。

④按焙烧方法不同分为内燃砖、外燃砖。内燃砖的抗压强度普遍比外燃砖高。

⑤按成品颜色分为红砖、青砖。

2)砌块的分类、尺寸及组砌

砌块与砖的区别在于砌块的外形尺寸比砖大。砌块是利用混凝土、工业废料(炉渣、粉煤灰等)或地方材料制成的人造块材，具有设备简单、砌筑速度快的优点，符合建筑工业化发展中墙体改革的要求。

①按砌块材料可分为普通混凝土砌块、加气混凝土砌块、轻骨料混凝土砌块及利用各种工业废料制成的砌块。

②按砌块在组砌中的作用与位置可分为主砌块和辅助砌块。

③按砌块单块重量及尺寸大小可分为小型砌块(高度为 115~380mm,单块重量为 20 kg)、中型砌块(高度为 380~980mm,单块重量在 20~35kg)、大型砌块(高度大于 980mm,

单块重量为35kg)。在工程中,以中小型砌块使用居多。

④按砌块外观形状可分为实心砌块和空心砌块。空心砌块有单排方孔、单排圆孔和多排扁孔三种形式,其中多排扁孔对保温较为有利。

混凝土小型空心砌块由普通混凝土或轻骨料混凝土制成,常见尺寸为390mm×190mm×190mm,辅助块尺寸为290mm×190mm×190mm和190mm×190mm×90mm等。混凝土小型空心砌块砌筑砂浆宜选用专用小砌块砌筑砂浆,其强度等级为Mb15、Mb10、Mb7.5、Mb5。

煤灰硅酸盐中型砌块的常见尺寸为240mm×380mm×880mm和240mm×430mm×850mm等。

蒸压加气混凝土砌块长度多为600mm,其中a系列宽度为75mm、100mm、125mm和150mm,厚度为200mm、250mm和300mm;b系列宽度为60mm、120mm、180mm等,厚度为240mm和300mm。

3)砌块砌筑要求

①砌块必须在多种规格间进行排列设计,即设计时需要在建筑平面图和立面图上进行砌块的排列,并注明每一砌块的型号。

②砌块排列设计应正确选择砌块规格尺寸,减少砌块规格类型,优先选用大规格的砌块做主要砌块,以加快施工速度。

③空心砌块上下皮应孔对孔、肋对肋,上下皮搭接长度不小于90mm,保证有足够的受压面积。

对于空心水泥砌块来说,要做到灰缝砂浆饱满不太容易。因为除去孔洞外,砌块两侧的壁厚通常只有30mm左右,砌筑时上皮砌块的重量通常容易将砂浆挤入孔洞内。因此,用砂浆黏结的空心砌块砌体墙的灰缝较容易开裂。其实,空心砌块最合适的用途是做配筋砌体,也就是在错缝后上下仍保持对齐的孔洞内插入钢筋,同时在每皮或隔皮砌块之间的灰缝中置入钢筋网片,并在每砌筑若干皮砌块后,就在所有的孔洞中灌入细石混凝土。这样,空心砌块就可以被认为同时充当了混凝土模板。这样的配筋砌体墙,虽然比不上现浇剪力墙的水平抗剪能力,但整体刚度远远大于普通的砌体墙,可以使由砌体墙承重的建筑物的高度得到较大的提升。

(2)块材墙体的细部构造

墙脚是指室内地面以下到基础以上的这段墙体,内外墙均有墙脚。勒脚是外墙的墙脚,外墙与室外地坪接近的垂直部分称为勒脚,一般情况下,其高度为室内地坪与室外地面的高差。有的工程将勒脚高度提高到底层内踢脚线或窗台的高度。

勒脚所处的位置容易受到外界的碰撞和雨雪的侵蚀。同时,地表水和地下水所形成的地潮还会因毛细作用而沿墙身不断上升,这样既容易造成对勒脚部位的侵蚀和破坏,又容易导致底层室内墙面的底部发生抹灰粉化、脱落,装饰层表面生霉等现象,进而影响人体健康。在寒冷地区,冬季潮湿的墙体部分还可能产生冻融破坏情况,因此对部分墙面必须采取相应的构造措施。

勒脚的主要作用是保护外墙身免受地表水、屋檐雨水的倾溅，提高建筑物的坚固耐久性，增加建筑物立面的美观。当仅考虑防水和机械碰撞时，勒脚应不低于 500mm，从美观的角度考虑，应结合立面处理确定。

1）勒脚的构造

勒脚作为外墙的一部分，所用的材料要坚固耐久，同时应结合建筑立面的处理进行材料色彩选择及高度确定，一般勒脚采用以下几种构造做法。

①勒脚表面抹灰：可采用 20 厚 1∶3 水泥砂浆抹面，1∶2 水泥白石子浆水刷石或斩假石抹面，此法多用于一般建筑。

②勒脚贴面：可用天然石材或人工石材贴面，如花岗石、水磨石板等。其耐久性、装饰效果好，一般用于高标准建筑。

③勒脚用坚固材料：采用条石、混凝土等坚固耐久的材料代替砖勒脚。

2）散水和明沟

为保护墙面基不受雨水的侵蚀，常在外墙四周将地面做成向外倾斜的坡面，以便将屋面雨水排至远处，这一坡面称为散水。散水常用材料有混凝土、水泥砂浆、卵石、块石等。干燥的地区需多做散水，散水坡度为 3%~5%，宽度一般为 600~1000mm。散水与外墙交接处应设分格缝，散水整体面层纵向距离每隔 6~12m 做一道分格缝，分格缝内应用有弹性的防水材料嵌缝，以适应材料的温度收缩和土壤不均匀变形的变化。

另外，还可以在外墙四周做明沟，明沟是将雨水导入城市地下排水管网的排水设施。一般在年降雨量为 900mm 以上的地区采用明沟排除建筑物周边的雨水。明沟宽一般为 200mm 左右，沟底应做纵坡，坡度不小于 1%，坡向集水井，材料为混凝土、砖等，且外墙与明沟之间须做散水。

3）门窗洞口构造

当墙体开设门窗洞口时，为了承受上部砌体传来的各种荷载，并把这些荷载传给两侧的墙体，常在门窗洞口上设置横梁。即门窗过梁，过梁是承重构件。

门窗洞口的水平截面面积一般不超过墙体水平截面面积的 50%。同时，开洞后窗间墙和转角墙的宽度都应当符合建筑物所在地区的相关抗震规范要求。

根据材料和构造方式不同，常见的过梁有钢筋混凝土过梁、钢筋砖过梁、平拱砖过梁、砖拱过梁等形式，后几种过梁都是在块材墙基础上发展起来的，其中砖拱过梁已经较少使用。钢筋混凝土过梁也可以制作成现浇的拱形梁，以满足门窗洞口的造型要求。

①砖拱过梁：有平拱和弧拱两种形式，其中平拱是我国的传统过梁做法。

砖拱的做法：将立砖和侧砖相间砌筑，使砖缝上宽下窄，砖对称向两边倾斜，相互挤压形成拱，用来承担荷载。平拱适宜的跨度为 1.2m 以内，弧拱的跨度较大些。

砖拱过梁节约钢材和水泥，但施工麻烦、整体性差，不宜用于上部有集中荷载、振动较大或地基承载力不均匀以及地震区的建筑。

②钢筋砖过梁：在门窗洞口上部砂浆层内配置钢筋的平砌过梁。过梁砌筑方法与一般砖墙一样，适用于清水砖墙，施工方便，但门窗洞口宽度不应超过 2m。通常将 ϕ6 钢筋埋于过梁底面 30mm 厚的砂浆层内，根数不少于 2 根，钢筋间距不大于 120mm，钢筋端部应弯起，伸入两端墙内不少于 240mm。洞口上 L/4 高度范围内（一般 5~7 皮砖），用不低于 M5.0 的水泥砂浆砌筑。此类过梁外观与外墙砌法相同，且清水墙面效果统一。

③钢筋混凝土过梁：承载力强，可用于较宽的门窗洞口，对洞口上部有集中荷载以及房屋的不均匀沉降、振动都有一定的适应性，坚固耐用、施工方便，目前已被广泛采用。钢筋混凝土过梁有如下几种形式。

A. 黏土实心砖墙的过梁，梁高常采用 60mm、120mm、240mm。

B. 多孔砖墙的过梁，梁高采用 90mm、180mm 等。

C. 当洞口上部有圈梁时，洞口上部的圈梁可兼作过梁，但过梁部分的钢筋应按计算用量另行增配。

D. 钢筋混凝土过梁的截面形状有矩形和 L 形，矩形截面的过梁一般用于内墙以及部分外混水墙 L 形截面过梁多用于清水墙和有保温要求的外墙。

4）窗台

窗台是窗洞下部的构造，用来排除窗外侧流下的雨水和内侧的冷凝水，且具有装饰作外窗台分为悬挑窗台和不悬挑窗台。

外窗台可以用砖砌挑出，也可以采用钢筋混凝土窗台。砖砌挑窗台施工简单、应用广泛，根据设计要求可分为 60mm 厚平砌挑砖窗台及 120mm 厚侧砌挑砖窗台两种。悬挑窗台向外出挑 60mm，且窗台长度每边应超过窗宽 120mm。窗台表面应做抹灰或贴面处理，侧砌窗台可做水泥砂浆勾缝的清水窗台。窗台表面应做成一定的排水坡度，并应注意抹灰与窗下槛的交接处理，防止雨水向室内渗透。悬挑窗台下做滴水槽或斜抹水泥砂浆，引导雨水垂直下落不致影响窗下墙面。预制混凝土窗台施工速度快，其构造要点与砖窗台相同。如果外墙饰面为瓷砖、马赛克等容易冲洗的材料，可做不悬挑窗台，窗下墙面的脏污可借不断流下的雨水冲洗干净。

位于室内的窗台称内窗台。内窗台一般水平放置，通常结合室内装修做成水泥砂浆抹面、贴面砖、木窗台板、预制水磨石窗台板等形式。

在我国严寒地区和寒冷地区，室内为暖气采暖时，为便于安装暖气片，应在窗台下留凹坎，称为暖气槽。暖气槽进墙一般 120mm，此时应采用预制水磨石窗台板或木窗台板，形成内窗台，预制窗台板支承在窗两边的墙上，每端伸入墙内不少于 60mm。

5）混合结构建筑墙身的抗震加固措施

混合结构是以砌体墙体作为竖向承重构件的体系，来支承其他材料（如钢筋混凝土、钢筋混凝土组合材料或木构件等）构成的屋盖系统或楼面系统的一种常用的结构体系，而抗压强度是砌体墙的砌筑块材的基本力学特征，而且砌筑砂浆是砌体墙中的薄弱环节，所以砖混结构是一种脆性结构——延性差、抗剪能力很低，而且自重及刚度大，地震荷载作用时破坏很严重。因此，为加强结构的整体性，提高结构的抗震性能，需对薄弱环节采取相应的构造措施。

6）防火墙

防火墙由不燃烧体构成，耐火极限不低于4.0h。为减小或避免建筑、结构、设备遭受热辐射危害和防止火灾蔓延，其设置的竖向分隔体或直接设置在建筑物基础上或钢筋混凝土框架上具有耐火性的墙体。

防火墙是防火分区的主要建筑构件。通常防火墙有内防火墙、外防火墙和室外独立墙几种类型。根据防火规范规定，防火墙应满足以下要求：

①耐火极限不小于4.0h；

②截断燃烧体或难燃烧体的屋顶结构，应高出非燃烧体屋面不小于400mm，高出燃烧体或难燃烧体屋面不小于500mm；

③建筑物的外墙如为难燃烧体，防火墙应凸出难燃烧体墙的外表面40mm；

④防火墙内不应设置排气道，民用建筑如必须设置，其两侧的墙身截面厚度均不应小于120mm；

⑤防火墙上不应开门窗洞口，如必须开设，应采用甲级防火门窗，并应能自行关闭。

3. 隔墙的构造

隔墙是分隔室内空间的非承重构件。在现代建筑中，为了提高平面布局的灵活性，大量采用隔墙以适应建筑功能的变化。由于隔墙不承受任何外来荷载，且本身的重量还要由楼板或墙下小梁来承受，因此对隔墙有以下要求：

●自重轻，有利于减轻楼板的荷载；

●厚度薄，增加建筑的有效空间；

●便于拆卸，能随使用要求的改变而变化；

●有一定的隔声能力，使各个房间互不干扰；

●满足不同使用部位的要求，如卫生间的隔墙要求防水、防潮，而厨房的隔墙要求防潮、防火等。

隔墙的类型很多，按其构造方式可分为砌筑隔墙、轻骨架隔墙和板材隔墙三大类。

（1）砌筑隔墙

砌筑隔墙是由普通砖、空心砖、加气混凝土等块材砌筑而成的，常见的有半砖隔墙、砌块隔墙和框架填充墙三大类。

1）半砖隔墙

普通砖隔墙一般采用半砖隔墙，即用普通黏土砖采用全顺式砌筑而成。

半砖隔墙构造做法如下：

①为保证隔墙不承重，隔墙顶部与楼板相接处，应斜砌一皮砖，或留约30mm的空隙塞木楔打紧，然后用砂浆填缝；

②隔墙两端的承重墙须留出马牙槎，并沿墙高每隔500mm砌入2Φ6拉结钢筋，且

深入隔墙不小于 500mm,还应沿隔墙高度每隔 1200mm 设一道 30mm 厚水泥砂浆层,内放 2Φ6 钢筋;

③隔墙上有门时,要预埋铁件或将带有木楔的混凝土预制块砌入隔墙中以固定门框。半砖隔墙坚固耐久,有一定的隔声能力,但自重大、湿作业多、施工麻烦。

2)砌块隔墙

为了减少隔墙的重量,可采用质轻块大的各种砌块,目前最常用的是由加气混凝土砌块、矿渣空心砖、陶粒混凝土砌块等砌筑的隔墙。隔墙厚度由砌块尺寸而定,一般为 90~120mm。砌块墙大多具有重量轻、孔隙率大、隔热性能好等优点,但砌块隔墙吸水性强,因此砌筑时应在墙下先砌 3~5 皮黏土砖。砌块隔墙厚度较薄,也需采取加强稳定性措施,其方法与半砖隔墙类似。

3)框架填充墙

框架体系的围护和分隔墙体均为非承重墙,填充墙是用砖或轻质混凝土块材砌筑在框架梁柱之间的墙体。填充墙既可用于外墙,也可用于内墙,施工顺序为框架主体完工后,再砌筑填充墙体。

当砌墙作为填充墙使用时,其构造要点主要体现在墙体与周边构件的拉结、合适的高厚比、其自重的支承以及避免成为承重的构件。其中,前两点涉及墙身的稳定性,后两点涉及结构的安全性。框架填充墙支承在梁上或板、柱体系的楼板上,为了减轻自重,通常采用空心砖或轻质砌块。墙体的厚度视块材尺寸而定,用于外围护墙等有较高隔声和热工性能要求时,墙体不宜过薄,一般在 200mm 以上。

轻质块材通常吸水性较强,有防水、防潮要求时,应在墙下先砌 3~5 皮吸水率低的砖。

填充墙与框架之间应有良好地连接。填充墙的加固稳定措施与半砖隔墙类似。在骨架承重体系的建筑中,柱子上面每 500mm 高左右就会留出拉结钢筋,以便在砌筑填充墙时将拉结钢筋砌入墙体的水平灰缝内。水平方向每隔 2~3m 需设置构造立柱:门框的固定方式与半砖隔墙相同,但超过 3.3m 的较大洞口,需在洞口两侧加设钢筋混凝土构造柱。

(2)轻骨架(立筋式)隔墙

轻骨架隔墙由骨架和面层两部分组成,由于轻骨架隔墙的面板本身不具有必要的刚度,难以自立成墙,因此先制作一个骨架,再在其表面覆盖面板。由于是先立墙筋(骨架),再做面层,因而又称为立筋式隔墙。

1)骨架

常用的骨架有木骨架和型钢骨架。为节约木材和钢材,出现了不少采用工业废料、地方材料及轻金属制成的骨架,如石棉水泥骨架、浇筑石膏骨架、水泥刨花骨架、轻钢和铝合金骨架等。龙骨又分为上槛、下槛、纵筋(竖筋)、横筋和斜撑。

2)面层

轻骨架隔墙的面层常用人造板材面层，如胶合板、硬质纤维板、石膏板、塑料板等。人造板材面层可用木骨架或轻钢骨架。胶合板是用阔叶树或松木经旋切、胶合等多种工序制成；硬质纤维板是用碎木加工而成；石膏板是用一、二级建筑石膏加入适量纤维、粘结剂、发泡剂等经辊压等工序制成。胶合板、硬质纤维板等以木材为原料的板材多用木骨架。石膏面板多用石膏或轻钢骨架。隔墙的名称以面层材料而定，如轻钢龙骨纸面石膏板隔墙。

人造板材与骨架的关系有两种：一种是在骨架的两面或一面用压条压缝或不用压条压缝，即贴面式；另一种是将板材置于骨架中间，四周用压条压住，称为镶板式。

人造板材在骨架上的固定方法有钉、粘、夹三种。采用轻钢骨架时，通常用骨架上的舌片或特制的夹具将面板卡到轻钢骨架上。这种做法简便、迅速，还有利于隔墙的组成和拆卸。

龙骨在安装时，一般先安装上、下槛，然后再安装两侧的纵筋，最后是中间的纵筋、横筋和斜撑（有必要时）。这样安装，一方面上、下槛和边上的纵筋较容易通过螺栓、胶合剂等方式与上、下楼（地）板以及两侧现有的墙体或柱子等构件连接；另一方面通过上、下槛来固定纵筋，可以反过来避免如果先行安装纵筋时。为了达到隔墙的稳定性，而需将纵筋上、下撑紧，这时隔墙上方的荷载就有可能通过纵筋传递到其下方，使得轻隔墙变成承重墙，这是不合理甚至是危险的。

（3）条板类（板材）隔墙

板材隔墙所选用的材料是具有一定厚度和刚度的条形板材，单板相当于房间净高，面积较大，不依赖于骨架直接装配而成的隔墙。板材隔墙具有自重轻、安装方便、施工速度快、工业化程度高等特点。

常采用的板材有预制条板（如加气混凝土条板）、碳化石灰板、石膏珍珠岩板、水泥钢丝网夹芯板、复合彩色钢板等，其安装时不需要内骨架支承。下面以常见的两种条板为例加以讲解。

预制条板的厚度一般为 60~100mm，宽度为 600~1000mm，长度略小于房间净高。

安装时，条板下部选用小木楔顶紧，然后用细石混凝土堵严板缝，用胶黏剂黏结，并用胶泥刮缝，平整后再做表面装修。

水泥钢丝网夹芯板复合墙板（又称为泰柏板）是以 50mm 厚的阻燃型聚苯乙烯泡沫塑料整板为芯材，两侧钢丝网间距 70mm，钢丝网格间距 50mm。每个网格焊一根腹丝，腹丝倾角 45° ，两侧喷抹 30mm 厚水泥砂浆或小豆石混凝土，总厚度为 110mm，定型产品规格为 1200mm × 2400mm × 70mm。

水泥钢丝网夹芯板复合墙板安装时，先放线，然后在楼面和顶板处设置锚筋或固定 U 形码，将复合墙板与之可靠连接，并用锚筋及钢筋网加强复合墙板与周围墙体、梁、柱的连接。

（4）活动隔墙

活动隔墙可分为拼装式、滑动式、折叠式、悬吊式、卷帘式和起落式等多种形式，其主体部分的制作工艺可以参照门扇的做法，其移动有上、下两条轨道，或者是只由上轨道来控制和实现。

悬吊的活动隔墙一般不用于下面的轨道，就可以使地面完整，不妨碍行走以及地面的美观，但需要有临时固定的措施来保证其使用时的稳定性。

（5）常用的隔断

常用的隔断有屏风式、镂空式、玻璃墙式、移动式以及家居式等。隔断与周边构件的联系通常不如隔墙那样紧密，因此在安装时更应注意其稳定性。

4. 幕墙

板材以外墙形式悬挂于主体结构上，因形象类似悬挂的幕而得名幕墙。按面板材料的不同，常见的幕墙种类有玻璃幕墙、铝板幕墙、石材幕墙等。

幕墙构造具有如下特征：幕墙不承重，但承受风荷载，并通过连接件将自重和风荷载传递给主体结构。装饰效果好，安装速度快，施工质量也容易得到保证，使外墙轻型化、装配化的理想形式。

幕墙应有一定的防雷和防火安全措施，幕墙自身应形成防雷体系，而且与主体建筑的防雷装置可靠连接。幕墙在与主体建筑的楼板、内隔墙交接处的空隙，必须采用岩棉、矿棉、玻璃棉等难燃材料填缝，并采用厚度在 1.5mm 以上的镀锌耐热钢板（不能用铝板）封口。而接缝处与螺丝口应该另用防火密封胶封堵。幕墙在窗间墙、窗槛墙处的填充材料应该采用不燃材料，除非外墙面采用耐火极限不小于 1.0h 的不燃烧体，该材料才可改为难燃材料。如果幕墙不设窗间墙和窗槛墙，则必须在每层楼板外沿设置高度不小于 0.80m 的不燃烧实体墙裙，其耐火极限应不小于 1.0h。

（1）玻璃幕墙

玻璃幕墙用的玻璃必须是安全玻璃，如钢化玻璃。夹层玻璃或者用以上玻璃组成的中空玻璃，边缘没有裂口，不易伤人。

玻璃幕墙根据其承重方式不同分为有框式玻璃幕墙、全玻璃幕墙、点支承玻璃幕墙和双层玻璃幕墙。

1）有框式玻璃幕墙

幕墙与主体建筑之间的连接构件系统，通常会做成框格的形式，有框式玻璃幕墙指玻璃面板周边由金属框架支承的玻璃幕墙。

玻璃幕墙按构造方式可分为如下三种。

①明框玻璃幕墙：金属框架的构件暴露于面板外表面（框格全部暴露出来）。

②半隐框玻璃幕墙：金属框架的竖向或横向构件暴露于面板外表面（垂直或者水平两个方向的框格杆件只有一个方向暴露出来）。

③隐框玻璃幕墙：金属框架的构件完全不暴露于面板外表面（框格全部隐藏在面板之下）。明框玻璃幕墙的安装类似窗玻璃的安装，将玻璃嵌入金属框内，从而将金属框暴

露；隐框玻璃幕墙制作玻璃板块，将玻璃和铝合金框用结构胶黏结，最后采用压块或挂钩的方式与立柱、横梁连接；半隐框玻璃幕墙通常是在隐框玻璃幕墙的基础上，加上竖向或横向的装饰线条构成。明框、隐框和半隐框玻璃幕墙可以形成不同的立面效果，设计人员可根据建筑设计的总体情况来考虑进行选择。

有框式玻璃幕墙的安装分为现场组装式和组装单元式。

①现场组装式：在现场先将连接杆件系统固定在建筑物主体结构的承重柱、墙、梁或者楼板上的预埋件上，幕墙面板用螺栓或卡具逐一安装到连接杆上。

②组装单元式：将面板和金属框架（立柱、横梁）在工厂组装为幕墙单元，以幕墙单元形式在现场完成安装施工。

构件式玻璃幕墙造价低，对施工条件要求不高，应用广泛。而单元式玻璃幕墙安装速度快，工厂化程度高，质量容易控制，是幕墙设计施工发展的方向。

2）全玻璃幕墙

全玻璃幕墙的面板以及与建筑物主体结构的连接构件都由玻璃构成，连接构件通常做成肋的形式，并且悬挂在主体结构的受力构件上，特别是较高大的全玻璃幕墙，目的是不让玻璃肋受压。玻璃肋可以落地，也可以不落地，但落地时应该与该楼地面以及楼地面的装修材料之间留有缝隙，以确保玻璃肋不成为受压构件。肋玻璃垂直于面玻璃设置，以加强面玻璃的刚度。肋玻璃与面玻璃可采用结构黏结，也可以通过不锈钢爪件连接。面玻璃的厚度不宜小于10mm，肋玻璃的厚度不应小于12mm，截面高度不应小于100mm。

全玻璃幕墙的玻璃固定有两种方式，即下部支承式和上部悬挂式。当幕墙的高度不太大时，可以用下部支承的非悬挂系统。当幕墙高度更大时，为避免面玻璃和肋玻璃在自重作用下因变形而失去稳定，需采用悬挂的支承系统，这种系统有专门的吊挂机构在上部抓住玻璃，以保证玻璃的稳定。

3）点支承玻璃幕墙

点支承玻璃幕墙是由玻璃面板、支承装置和支承结构构成的玻璃幕墙，采用在面板上穿孔的方法，用金属“爪”来固定幕墙面板。这种方法多用于需要有大片通透效果的玻璃幕墙上。其中，支承结构可分为杆件体系和索杆体系两种。杆件体系是由刚性构件组成的结构体系。索杆体系则是由拉索、拉杆和刚性构件等组成的预拉力结构体系。常见的杆件体系有钢立柱和钢桁架，索杆体系有钢拉索、钢拉杆和自平衡索架。

连接玻璃面板与支承结构的支承装置由爪件、连接件以及转接件组成。爪件根据固定点数可分为四点式、三点式、两点式和单点式四种，常采用不锈钢制作。爪件通过转接件与支承结构连接，转接件一端与支承结构焊接或内螺纹套接，另一端通过内螺纹与爪件套接。

转接件以螺栓方式固定玻璃面板，并通过螺栓与爪件连接。

点支承玻璃幕墙的玻璃面板必须采用钢化玻璃。玻璃面板形状通常为矩形，采用四点支承，根据情况也可采用六点支承，对于三角形玻璃面板可采用三点支承。

（2）铝板幕墙

铝板幕墙是金属板材幕墙中用得最多的一种。其组成与隐框玻璃幕墙类似，采用框支承力方式，也需要制作铝板板块。铝板板块通过铝角与幕墙骨架连接。

铝板板块由加劲肋和面板组成。板块的制作需要在铝板的背面设置边肋和中肋等加劲肋。在制作板块时，铝板应四周折边以便与加劲肋连接。加劲肋常采用铝合金型材，以槽形和角形型材为主。面板与加劲肋之间的连接方式通常有铆接、焊接、螺栓连接以及化学连接等。为了方便板块与骨架体系的连接，需要在板块的周边设置铝角，铝角一端一般通过铆接方式固定在板块上，另一端采用自攻螺丝固定在骨架上。

（3）石材幕墙

石材幕墙的构造一般采用框架支承结构，因石材面板连接方式的不同，可分为钢销式、槽式和背栓式等。

1）钢销式连接需在石材的上下两边或四边开设销孔，石材通过钢销以及连接板与幕墙骨架连接。虽然钢销式连接拓孔方便，但受力不合理，容易出现应力集中而导致石材局部破坏，使用受到限制，所使用的幕墙高度不宜大于20m，石板面积不宜大于1m2。

2）槽式连接需在石材的上下两边或四边开设槽口，与钢销式连接相比，其适应性更强。根据槽口的大小其又可分为短槽式和通槽式两种。短槽式连接的槽口较小，通过连接片与幕墙骨架连接，对施工安装的要求较高。而通槽式连接槽口为两边或四边通长，通过通长铝合金型材与幕墙骨架连接，主要用于单元式幕墙中。

3）背栓式连接与钢销式及槽式连接不同，它将连接石材面板的部位放在面板背部，改善了面板的受力。其通常先在石材背面钻孔，插入不锈钢背栓，并扩胀使之与石板紧密连接，然后通过连接件与幕墙骨架连接。

5. 墙面装修

（1）墙面装修的作用

墙面装修是建筑装修中的重要内容，它对提高建筑的艺术效果、美化和装饰环境有很重要的作用，同时还具有保护墙体和改善墙体性能的作用。

不同的建筑风格对墙面的材质和色彩提出了不同的要求。根据墙面是否再装修，可以将墙面分为清水墙面和浑水墙面。

清水墙面是反映墙体材料自身特质、不需要另外进行装修处理的墙面。墙体材料可以通过自身的砌筑方式形成材料的肌理和墙面划分，如砖墙的“梅花丁”砌筑方式——墙体丁砖和顺砖相间砌筑而成，墙面美观，常用于清水墙面。有的墙体材料因为自身无法完全解决保温、隔热、防水等方面的要求，必须通过墙面装修来完善墙体所需的建筑功能，如砌块墙宜作外饰面，也可采用带饰面的砌块以提高墙体的防渗能力，改善墙体的热工性能。因此，浑水墙面是采用不同于墙身基层的材料和色彩进行装修处理的墙面。

（2）墙面装修分类

1）按装修所处部位分类

按装修所处部位不同可分为室外装修和室内装修两类。

室外装修要求采用强度高、抗冻性强、耐水性好以及具有抗腐蚀性的建筑材料。室内装修则由室内使用功能来决定。

2）按材料及施工方式分类

按材料及施工方式不同可分为抹灰类、贴面类、涂料类、裱糊类和铺钉类等五大类。

（3）墙面装修的构造

1）抹灰类墙面装修

抹灰又称粉刷，是我国传统的饰面做法，它是由水泥、石灰膏作为胶结材料加入砂或石渣与水拌和成砂浆或石渣浆，抹到墙面上的一种操作工艺，属湿作业。其材料来源广泛、施工简单、造价低，通过工艺的改变可以获得多种装饰效果，因此在建筑墙体装饰中应用广泛。

为保证抹灰质量，做到表面平整、黏结牢固、色彩均匀、不开裂，施工时须分层操作，一般分三层，即底层（灰）、中层（灰）、面层（灰）。

2）贴面类墙面装修

贴面类装修是指将各种天然石材或人造板、块，通过绑、挂或直接粘贴于基层表面的装修做法。它具有耐久性好、装饰效果好、易清洗、防水等优点。常用的贴面材料有：花岗岩板和大理石板等天然石板；水磨石板、水刷石板、剁斧石板等人造石板以及面砖、瓷砖、锦砖等陶瓷和玻璃制品。其中，质地细腻、耐候性差的材料常用于室内装修，如瓷砖、大理石板等；而质感粗放、耐候性较好的材料多用于室外装修，如陶瓷面砖、马赛克、花岗岩板等。

3）涂刷类墙面装修

涂刷类墙面装修是指利用各种涂料涂敷于基层表面而形成完整牢固的膜层，能够起到保护和装饰墙面作用的一种装修做法，是饰面装修中最简单的一种形式。与传统的墙面装修相比，尽管大多数涂料的使用年限较短，但由于其具有造价低、装饰性好、工期短、工效高、自重轻以及施工操作和维修方便、更新快等特点，因而在建筑上得到广泛的应用和发展。

建筑中涂料的品种很多，选用时应根据建筑物的使用功能、墙体周围环境、墙身不同部位以及施工和经济条件等，选择附着力强、耐久、无毒、耐污染、装饰效果好的涂料。用于外墙面的涂料，还应具有良好地耐久、耐冻、耐污染性能。内墙涂料除应满足装饰要求外，还需有一定的强度和耐擦洗性能。炎热多雨地区选用的涂料，应有较好的耐水性、耐高温性和防霉性。寒冷地区则对涂料的抗冻融性及成膜温度有要求。按涂刷材料种类不同，一般可分为无机涂料、有机涂料和油漆。普通无机涂料，如石灰浆、大白浆、可赛银浆等，多用于一般标准的室内装修。有机涂料因主要成膜物质和稀释剂的不同，有溶剂型涂料、水溶性涂料和乳液涂料三类。

4）裱糊类墙面装修

裱糊类墙面装修是将各种装饰性的墙纸、墙布、织锦等卷材类的装饰材料裱糊在墙面上的一种装修做法。

常用的装饰材料有 PVC 塑料壁纸、复合壁纸、玻璃纤维墙布和无纺墙布等。

裱糊类墙体饰面装饰性强、造价较经济、施工方法简捷高效、材料更换方便，并且在曲面和墙面转折处粘贴可以顺应基层，获得连续的饰面效果。

墙纸是室内装饰常用的饰面材料，不仅广泛应用于墙面装饰，也可用于吊顶饰面。它具有色彩及质感丰富、图案装饰性强、易于擦洗、价格便宜、更换方便等优点。

目前采用的墙纸多为塑料墙纸，可分为普通纸基墙纸、发泡墙纸和特种墙纸等。普通纸基墙纸价格较低，可以用单色压花方式制作出仿丝绸、织锦质感，也可用印花压花方式制作色彩丰富、具有立体感的凹凸花纹。发泡墙纸经过加热发泡可制成具有装饰和吸声双重功能的凹凸花纹，图案真实，立体感强，具有弹性，是目前最常用的墙纸。特种墙纸有耐水墙纸、防火墙纸、木屑墙纸、金属墙纸、彩砂墙纸等用于有特殊功能或特殊装饰效果要求的场所。

常用的墙布有玻璃纤维墙布和无纺墙布。玻璃纤维墙布是以玻璃纤维布为基材，通过染色、印花等工艺制成。玻璃纤维墙布强度大、韧性好，具有布质纹路，装饰效果好，且耐水、耐火、可擦洗；但是遮盖力较差，基层颜色有深浅差异时，容易在裱糊完的饰面上显现出来。饰面遭到磨损时，还会散落少量玻璃纤维，因此应注意保养。无纺墙布是采用天然纤维或合成纤维经过无纺成型为基材，经染色、印花等工艺制成的一种新型高级饰面材料。无纺墙布色彩鲜艳、不褪色、富有弹性、不易折断，表面光洁且有羊绒质感，具有一定透气性，可以擦洗，施工方便。

5）铺钉类墙面装修

铺钉类墙面装修是将各种天然或人造薄板镶钉在墙面上的装修做法，其构造与骨架隔墙相似，由骨架和面板两部分组成。施工时先在墙面上立骨架（墙筋），然后在骨架上铺定装饰面板。骨架分木骨架和金属骨架两种。室内墙面装修用面板，一般采用硬木条板、胶合板、纤维板、石膏板及各种吸声板。

6. 淋水墙面的防水处理

淋水墙面可以先采用添加外加剂的防水砂浆打底，然后再做饰面层。如果墙面需要先立墙筋，可以在墙筋与墙体基层之间附加一层防水卷材。同样，在共用该淋水墙面的相邻房间，为了避免渗水，面层也可以做同样的处理。

需要注意的是，用水的房间经常有埋墙的管道，特别是二次装修过程中开凿墙面安装管道，往往因为急于施工，一次性将修补墙面用的水泥砂浆做得很厚，或者对修补用的砂浆出现裂缝也不做处理，这些都是发生渗水的隐患。因为淋水墙面常常会做面砖面层，而面砖本身不防水，一旦水从这些缝隙中渗入墙体内，很不容易排出，这些隐患部位都是需要施工时多加注意的。

第二节　建筑平面设计

一般而言，一幢建筑物是由若干单体空间有机地组合起来的整体空间，任何空间都具有三度性。因此，在进行建筑设计的过程中，人们常从平面、剖面、立面三个不同方向的投影来综合分析建筑物的各种特征，并通过相应的图纸来表达其设计意图。

建筑的平面、剖面、立面设计三者是密切联系而又互相制约的。平面设计是关键，集中反映了建筑平面各组成部分的特征及其相互关系、使用功能的要求以及是否经济合理。除此之外，建筑平面与周围环境的关系，是否满足建筑平面设计的要求，还不同程度地反映建筑空间艺术构思及结构布置关系等。一些简单的民用建筑，如办公楼、单元式住宅等，其平面布置基本上能反映建筑空间的组合。因此，在进行方案设计时，总是先从平面入手，同时认真分析剖面及立面的可能性和合理性，及其对平面设计的影响。只有综合考虑平、立、剖三者的关系，按完整的三度空间概念去进行设计，这样才能做好一个建筑设计。

一、平面设计的内容

民用建筑类型繁多，各类建筑房间的使用性质和组成类型也不相同。无论是由几个房间组成的小型建筑物还是由几十个甚至上百个房间组成的大型建筑物，从组成平面各部分的使用性质来分析，均可归纳为以下两个组成部分：使用部分和交通联系部分。

使用部分是指各类建筑物中的主要使用房间和辅助使用房间。主要使用房间是建筑物的核心，由于它们的使用要求不同，形成了不同类型的建筑物。如住宅中的起居室、卧室，教学楼中的教室、办公室，商业建筑中的营业厅，影剧院的观众厅等都是构成各类建筑的基本空间。

辅助使用房间是为了保证建筑物主要使用要求而设置的，与主要使用房间相比，则属于建筑物的次要部分。如公共建筑中的卫生间、贮藏室及其他服务性房间，住宅建筑中的厨房、厕所，一些建筑物中的贮藏室及各种电气、水、采暖、空调通风、消防等设备用房。

交通联系部分是建筑物中各房间之间，楼层之间和室内与室外之间联系的空间，如各类建筑物中的门厅、走道、楼梯间、电梯间等。

以上几个部分由于使用功能的不同，在房间设计及平面布置上均有不同，设计中应根据不同要求区别对待，采用不同的方法。建筑平面设计的任务就是充分研究几个部分的特征和相互关系，以及平面与周围环境的关系，在各种复杂的关系中找出平面设计的规律，使建筑能满足功能、技术、经济、美观的要求。

建筑平面设计包括单个房间平面设计及平面组合设计。

单个房间设计是在整体建筑合理而适用的基础上，确定房间的面积、形状、尺寸以及门窗的大小和位置。

平面组合设计是根据各类建筑功能要求，抓住主要使用房间、辅助使用房间、交通联系部分的相互关系，结合基地环境及其他条件，采取不同的组合方式将各单个房间合理地组合起来。

建筑平面设计所涉及的因素有很多，如房间的特征及其相互关系、建筑结构类型及其布局、建筑材料、施工技术、建筑造价、节约用地以及建筑造型等方面的问题。

因此，平面设计实际上就是研究解决建筑功能、物质技术、经济及美观等问题。

二、建筑平面的组合设计

每一座建筑物都是由若干房间组合而成的。建筑平面组合涉及的因素有很多，如基地环境、使用功能、物质技术、建筑美观、经济条件等多种因素。进行组合设计时，必须在熟悉各组成部分的基础上，紧密结合具体情况。通过调查研究，综合分析各种制约因素，分清主次，再认真处理好各方面的关系，如建筑内部与总体环境的关系，建筑物内部各房间与整个建筑之间的关系，建筑使用要求与物质技术、经济条件之间的关系等。在组合过程中反复思考，不断调整修改，使平面设计趋于完善。建筑平面的组合，实际上是建筑空间在水平方向的组合，这一组合必然导致建筑物内外空间和建筑形体在水平方向予以确定，因此在进行平面组合设计时，可以及时勾画建筑物形体的立体草图，考虑这一建筑物在三度空间中可能出现的空间组合及其形象，即从平面设计入手，但是着眼于建筑空间的组合。如何将单个房间与交通联系部分组合起来，使之成为一个使用方便、结构合理、体形简洁、构图完整、造价经济及与环境协调的建筑物，这就是平面组合设计的任务。

（一）影响平面组合的因素

不同的建筑，由于性质不同，也就有不同的功能要求。一座建筑物的合理性不仅体现在单个房间上，而且很大程度取决于各种房间功能要求的组合上。如教学楼设计中，虽然教室、办公室本身的大小、形状、门窗布置均满足使用要求，但它们之间的相互关系及走道、门厅、楼梯的布置不合理，就会造成不同程度的干扰，人流交叉、使用不便。因此，可以说使用功能是平面组合设计的核心。

平面组合的优劣主要体现在合理的功能分区及明确的流线组织两个方面。当然，采光、通风朝向等要求也应予以充分的重视。

1. 合理的功能分区

合理的功能分区是将建筑物若干部分按不同的功能要求进行分类，并根据它们之间的密切程度加以划分，使之分区明确，联系方便。在分析功能关系时，常借助于功能分析图来形象地表示各类建筑的功能关系及联系顺序。按照功能分析图将性质相同，联系密切的房间就近布置或组合在一起，将使用中有干扰的部分适当分隔。这样以来，既能满足联系密切的要求，又能创造相对独立的使用环境。

具体设计时，可根据建筑物不同的功能特征，从以下几个方面进行分析：

①主次关系。组成建筑物的各房间，按使用性质及重要性必然存在着主次之分。在平面组合时应分清主次、合理安排。在教学楼中，教室、实验室是主要使用房间，办公室、管理室、厕所等则属于次要房间；居住建筑中的居室是主要房间，厨房、厕所、贮藏室是次要房间；商业建筑中的营业厅，影剧院中的观众厅、舞台皆属主要房间。

平面组合中，一般是将主要使用房间布置在朝向较好的位置，靠近主要出入口，并有良好的采光通风条件，次要房间可布置在条件较差的位置。

②内外关系。各类建筑的组成房间中，有的对外联系密切，直接为公众服务，有的对内关系密切，仅供内部使用。如办公楼中的接待室、传达室是对外的，而各种办公室是对内的。又如影剧院的观众厅、售票房、休息厅、公共厕所是对外的，而办公室、管理室、贮藏室是对内的。平面组合时应妥善处理功能分区的内外关系，一般是将对外联系密切的房间布置在交通枢纽附近，位置明显便于直接对外，而将对内性强的房间布置在较隐蔽的位置。

③联系与分隔。在分析功能关系时，通常根据房间的使用性质如“闹”与“静”，“清”与“污”等方面反映的特性进行功能分区，使其既分隔而互不干扰且又有适当的联系。如教学楼中的普通教室和音乐教室同属教室，它们之间联系密切，但为防止声音干扰，必须适当隔开；教室与办公室之间要求方便联系，但为了避免学生影响教师的工作，需适当隔开。

2. 明确的流线组织

各类民用建筑，因使用性质不同，通常存在着多种流线，归纳起来分为人流及货流两类。所谓流线组织明确，即是要使各种流线简捷、通畅，不迂回逆行，尽量避免相互交叉。

在建筑平面设计中，各房间一般是按使用流线的顺序关系有机地组合起来的。

因此，流线组织合理与否，会直接影响到平面组合是否紧凑、合理，平面利用是否经济等。如展览馆建筑，各展室常常是按人流参观路线的顺序连贯起来。火车站建筑有旅客进出站路线、行包线，人流路线按先后顺序为到站——问讯——购票——候车——检票——上车，出站时经由站台验票出站。平面布置时以人流线为主，使进出站及行包线分开，并尽量缩短各种流线的长度。

（二）结构类型

建筑结构与材料是构成建筑物的物质基础，在很大程度上影响着建筑的平面组合。

因此，平面组合在考虑满足使用功能要求的前提下，应选择经济合理的结构方案，并使平面组合与结构布置协调一致。

目前民用建筑常用的结构类型有三种，即混合结构、框架结构、空间结构。

1. 混合结构

建筑物的主要承重构件有墙、柱、梁板、基础等，以砖墙和钢筋混凝土梁板的混合结构最为普遍。这种结构形式的优点是构造简单、造价较低，其缺点是房间尺寸受钢筋混凝土梁板经济跨度的限制，室内空间小，开窗也受到限制。仅适用于房间开间和进深尺寸较小、层数不多的中小型民用建筑，如住宅、中小学校、医院及办公楼等。

混合结构根据受力方式可分为横墙承重、纵墙承重、纵横墙承重等三种方式。对于房间开间尺寸部分相同，且符合钢筋混凝土板经济跨度的重复小间建筑，常采用横墙承重。当房间进深较统一，进深尺寸较大且符合钢筋混凝土板的经济跨度但开间尺寸多样，要求布置灵活时，可采用纵墙承重，如要求开间较大的教学楼、办公楼等。

2. 框架结构

框架结构的主要特点是承重系统与非承重系统有明确的分工，支撑建筑空间的骨架如梁、柱是承重系统，而分隔室内外空间的围护结构和轻质隔墙是不承重的。这种结构形式强度高，整体性好，刚度大，抗震性好，平面布局灵活性大，开窗较自由等优势，但钢材、水泥用量大，造价较高，仅适用于开间、进深较大的商店、教学楼、图书馆之类的公共建筑以及高层住宅、旅馆等。

3. 空间结构

随着建筑技术、建筑材料和结构理论的进步，新型高效地建筑结构也在飞速地发展，出现了各种大跨度的新型空间结构，如薄壳、悬索、网架等。

这类结构用材经济，受力合理，并为解决大跨度的公共建筑提供了有利条件。

（三）设备管线

民用建筑中的设备管线主要包括给水、排水、采暖、空气调节以及电气照明、通信等所需的设备管线，它们都占有一定的空间。在进行平面组合时，除应考虑一定的设备位置，恰当地布置相应的房间，如厕所、盥洗间、配电室、空调机房、水泵房等以外。对于设备管线比较多的房间，如住宅中的厨房、厕所，学校、办公楼中的厕所、盥洗间，旅馆中的客房卫生间、公共卫生间等，还应在满足使用要求的同时，应尽量将设备管线集中布置、上下对齐，方便使用，有利于施工和节约管线。

（四）建筑造型

建筑平面组合除受到使用功能、结构类型、设备管线的影响外，建筑造型在一定程度上也影响到平面组合。当然，造型本身是离不开功能要求的，它一般是内部空间的直接反映。但是，简洁、完整的造型要求以及不同建筑的外部性格特征又会反过来影响平面布局及平面形状。一般说来，简洁、完整的建筑造型无论对缩短内部交通流线，还是对于结构简化、节约用地、降低造价以及抗震性能等都是极为有利的。

（五）平面组合形式

各类建筑由于使用功能不同，房间之间的相互关系也不同。有的建筑由一个个大小相同的重复空间组合而成，并且它们彼此之间没有一定的使用顺序关系，各房间形成既联系又相对独立的封闭性房间。如学校、办公楼；有的建筑主要有一个大房间，其他均为从属房间，环绕着这个大房间布置，如电影院、体育馆；有的建筑，房间按一定序列排列而成，即排列顺序完全按使用联系顺序而定，如展览馆、火车站等。平面组合就是根据使用功能特点及交通路线的组织，将不同房间组合起来。这些平面组合又可大致可以归纳为如下几种形式：

1. 走道式组合

走道式组合的特点是使用房间与交通联系部分明确分开，各房间沿走道（走廊）一侧或两侧并列布置，房间门直接开向走道，通过走道相互联系；各房间基本上不被交通穿越，能较好地保持相对独立性。走道式组合的优点是各房间有直接的天然采光和通风，结构简单施工方便等。因此，这种形式广泛应用于一般的民用建筑，特别适用于房间面积不大、但数量较多的重复空间组合，如学校、宿舍、医院旅馆等。

2. 套间式组合

套间式组合的特点是用穿套的方式按一定的序列组织空间。房间与房间之间相互穿套，不再通过走道联系。这种形式通常适用于房间的使用顺序和连续性较强，使用房间不需要单独分隔的情况，如展览馆、火车站、浴室等建筑类型。套间式组合按其空间序列的不同又可分为串联式和放射式两种。串联式是按一定的顺序关系将房间连接起来，放射式则是将各房间围绕交通枢纽呈放射状布置。

3. 大厅式组合

大厅式组合是以公共活动的大厅为主，穿插布置辅助房间。这种组合的特点是主体房间使用人数多、面积大、层高大，将辅助房间与大厅相比，尺寸大小悬殊，通常布置在大厅周围并与主体房间保持一定的联系。

4. 单元式组合

将关系密切的房间组合在一起成为一个相对独立的整体，称为单元。将一种或多种单元按地形和环境情况在水平或垂直方向重复组合起来成为一幢建筑，这种组合方式称为单元式组合。

单元式组合的优点是能提高建筑标准化，节省设计工作量，简化施工，同时功能分区明确，平面布置紧凑。单元与单元之间相对独立，互不干扰。除此以外，单元式组合布局灵活，能适应不同的地形，形成多种不同组合形式，因此广泛用于民用建筑，如住宅、学校、医院等。

以上是民用建筑常用的平面组合形式，随着时代的发展，使用功能也必然会发生变化，加上新结构、新材料、新设备的不断出现，新的形式也将会层出不穷，如自由灵活的大空间分隔形式和庭院式空间组合形式等。

三、建筑平面组合与总平面的关系

任何一座建筑物（或建筑群）都不是孤立存在的，而是处于一个特定的环境之中，它在基地上的位置形状、平面组合、朝向、出入口的布置及建筑造型等都必然受到总体规划及基地条件的制约。由于基地条件不同，相同类型和规模的建筑同样会有不同的组合形式，即使是基地条件相同，由于周围环境不同，其组合也不会相同。

为使建筑既满足使用要求，又能与基地环境协调一致，首先必须做好总平面设计。即根据使用功能要求，结合城市规划的要求、场地的地形地质条件、朝向、绿化以及周围建筑等因地制宜地进行总体布置，确定主要出入口的位置，进行总平面功能分区，在功能分区的基础上确定单体建筑的布置。

总平面功能分区是将各部分建筑按不同的功能要求进行分类，将性质相同、功能相近、联系密切、对环境要求一致的部分划分在一起，组成不同的功能区，各区相对独立并成为一个有机的整体。

进行总平面功能分析，一般应考虑以下几点要求：

（1）各区之间相互联系的要求。如中学教室、实验室、办公室、操场等之间是如何联系的，它们之间的交通关系又是如何组织的。

（2）各区相对独立与分隔的要求。如学校的教师用房（办公、备课及教工宿舍）既要考虑与教室有较方便的联系又要求有相对的独立性，避免干扰，并适当分隔。

（3）室内用房与室外场地的关系。可通过交通组织、合理布置各出入口来加以解决。

第三节　建筑剖面

剖面设计确定建筑物各部分高度、建筑层数、建筑空间的组合与利用，以及建筑剖面中的结构、构造关系等。它与平面设计是从两个不同的方面来反映建筑物内部空间的关系。平面设计是着重解决内部空间的水平方向上的问题。而剖面设计则主要研究竖向空间的处理，但两个方面同样都涉及建筑的使用功能、技术经济条件、周围环境等问题。

剖面设计主要包括以下内容：确定房间的剖面形状、尺寸及比例关系；确定房屋的层数和各部分的标高，如层高、净高窗台高度、室内外地面标高；解决天然采光、自然通风、保温、隔热、屋面排水及选择建筑构造方案；选择主体结构与围护结构方案；进行房屋竖向空间的组合，研究建筑空间的利用。

一、房间的剖面形状

（一）分类和要求

房间的剖面形状分为矩形和非矩形两类，大多数民用建筑均采用矩形。这是因为矩形剖面简单、规整、便于竖向空间的组合，容易获得简洁而完整的体形，同时结构简单，施工方便。而非矩形剖面常用于有特殊要求的房间。

房间的剖面形状主要是依据使用要求和特点来确定，同时也要结合具体的物质技术、经济条件及特定的艺术构思考虑，使之既满足使用，又能达到一定的艺术效果。

（二）使用要求

在民用建筑中，绝大多数的建筑是属于一般功能要求的，如住宅、学校、办公楼、旅馆、商店等。这类建筑房间的剖面形状多采用矩形，这是因为矩形剖面不仅能满足这类建筑的要求，而且还具有上面谈到的一些优点。对于某些特殊功能要求（如视线、音质等）的房间，则应根据使用要求选择适合的剖面形状。

有视线要求的房间主要是指影剧院的观众厅、体育馆的比赛大厅、教学楼中阶梯教室等。这类房间除平面形状、大小满足一定的视距、视角要求外，地面还应有一定的坡度，以保证良好地视觉要求，即舒适、无遮挡地看清对象。

地面的升起坡度与设计视点的选择、座位排列方式（即前排与后排对位或错位排列）、排距、视线升高值（即后排与前排的视线升高差）等因素都有关。

设计视点是指按设计要求所能看到的极限位置，以此作为视线设计的主要依据。各类建筑由于功能不同，观看对象性质不同，设计视点的选择也不一致。如电影院定在银幕底边的中点，这样可保证观众看清银幕的全部；体育馆定在篮球场边线或边线上空300~500 mm处等。设计视点选择是否合理，是衡量视觉质量好坏的重要标准，直接影响到地面升起的坡度和经济性。设计视点愈低，视觉范围愈大，房间地面升起坡度也会愈大；设计视点愈高，视野范围愈小，地面升起坡度愈平缓。一般说来，当观察对象低于人的眼睛时，地面起坡大，反之则起坡小。

二、剖面设计应适应设备布置的需要

在建筑设计中，对房间高度有影响的设备布置，主要是电气系统中照明、通信、动力（小负荷）等管线的敷设，空调管道的位置和走向，冷、热水上、下水管道的位置和走向，以及其他专用设备的位置等。例如医院手术室内设有下悬式无影灯时，室内的净高就要相应有所提高。又如某档案馆，跨度大（11 m），楼面负荷重，楼板厚，梁很高，梁下又有空调管道，空调又是通过吊顶板的孔均匀送风，顶板和管道之间还要有一定距离。另外还要有灯具、烟感器、自动灭火器等的位置，结果使这个层高为4.2 m的档案馆的室内净高仅有 2.7 m。可见设备布置对剖面设计的影响不容忽视。当今建筑中采用新设备多，它们直接影响着层高、层数、立面造型等。因此，在剖面设计时应慎重对待。

三、剖面设计要与建筑艺术相结合

建筑艺术在某种程度上可以说是空间艺术。各种空间给人以不同的感受，人们视觉上的房间高低通常具有一定的相对性。例如一个狭而高的空间，由于它所处的位置不同，会使人产生不同的感受。如果它在某种位置上会使人们感到拘谨，这时需要降低它的净高，使人感到亲切。但是，窄高的空间容易引起人们向上看，把它放在恰当的部位，利用它的窄高，可起引导作用。也有不少建筑利用窄高的空间来获得崇高、雄伟的艺术效果。因此，在确定房间净高的时候，要有全面的观点和具体的空间观念。

四、剖面设计要充分利用空间

提高建筑空间的利用率是建筑设计的一个重要课题，利用率一是水平方向的，表现于平面上；另一种是垂直方向的，表现于剖面上。空间的充分利用主要依赖于良好的剖面设计。例如住宅设计中，小居室床位上都放吊柜，可增加贮藏面积，在入口部分的过道上空做些吊柜，既可增加贮藏面积，又好像降低了层高，使住宅具有小巧感，使人感到亲切。一些公共建筑的空间高大，充分利用其空间来增设夹层等，可以增加面积、节约投资，同时还可利用夹层丰富空间的变化，增强室内的艺术效果。

跃层建筑的设计目的是节省公共交通面积，并减少干扰，主要用于每户建筑面积较多的住宅设计，也可用于公共建筑。在剖面设计中应注意楼梯和层高的高度问题。错层的剖面设计主要适用于建筑物纵向或横向需随地形分段而高低错开的情况。可利用室外台阶解决上下层入口的错层问题，也可利用室内楼梯，选用楼梯梯段数量，调整梯段的踏步数，使楼梯平台的标高和错层地面的标高一致。

第四节　建筑体形及立面设计

一、概述

建筑不仅要满足人们生产、生活等物质功能的要求，而且还要满足人们精神文化方面的要求。因此，不仅要赋予它实用属性，同时也要赋予它美观的属性。建筑的美观主要是通过内部空间及外部造型的艺术处理来体现，同时也涉及建筑的群体空间布局，而其中建筑物的外观形象经常、广泛地被人们所接触，对人的精神感受上产生的影响尤为深刻。比如轻巧、活泼、通透的园林建筑,雄伟、庄严、肃穆的纪念性建筑；朴素、亲切、宁静的居住建筑以及简洁、完整、挺拔的高层公共建筑等等。

体型和立面设计着重研究建筑物的体量大小、体型组合、立面及细部处理等。

在满足使用功能和经济合理的前提下,运用不同的材料、结构形式、装饰细部、构图手法等创造出预想的意境,从而不同程度地给人庄严、挺拔、明朗、轻快、简洁、朴素、大方、亲切的印象。加上建筑物体型庞大、与人们目光接触频繁,因此具有独特的表现力和感染力。

建筑体型和立面设计是整个建筑设计的重要组成部分。外部体型和立面反映内部空间的特征,但绝不能只是简单地理解为体型和立面设计只是内部空间的最后加工,是建筑设计完成后的最后处理,而应与平、剖面设计同时进行,并贯穿于整个设计。在方案设计一开始就应在功能物质技术条件等制约下按照美观的要求考虑建筑体形及立面的雏形。随着设计的不断深入,在平、剖面设计的基础上对建筑外部形象从总体到细部反复推敲、协调、深化,使之达到形式与内容完美的统一,这是建筑体型和立面设计的主要方法。

建筑体型和立面是不可分割的。体形设计反映建筑外形总的体量、形状、组合、尺度等空间效果,是建筑形象的基础。但是,只有体型美还不够,还应该在建筑的各个立面设计中进一步地刻画和完善,才能获得完美的建筑形象。

建筑体型和立面设计虽然各有不同的设计方法,但是它们都要遵循建筑形式美的基本规律,按照建筑构图要点,结合功能使用要求和结构、构造、材料、设备、施工等物质技术手段,从大处着眼,逐步深入,对每个细部反复推敲,力求达到比例协调、形象完美。

建筑体型和立面设计不能离开物质技术发展的水平和特定的功能、环境而任意塑造,它在很大程度上要受到使用功能、材料、结构施工技术、经济条件及周围环境的制约。因此,每一幢建筑物都具有自己独特的形式和特点。除此之外,还要受到不同国家的自然社会条件、生活习惯和历史传统等各种因素的影响,使建筑外形不可避免地要反映出特定历史时期、特定民族和地区的特点,并使之具有时代气息、民族风格和地区特色。只有全面考虑上述因素,运用建筑艺术造型构图规律来塑造建筑体型和立面造型,才能创造出真实而具有强烈感染力的建筑形象。

二、建筑的立面设计

立面设计是在符合功能使用要求和结构、构造合理的基础上,紧密结合内部空间设计,对建筑体型做进一步的刻画处理。建筑的各立面可以看成是许多构部件,如门、窗、墙、柱、垛、雨棚、屋顶、檐部、台阶、勒脚、凹廊、阳台、线脚、花饰等组成。

恰当地确定这些组成部分和构部件的比例、尺度、材料、质地、色彩等,运用构图要点,设计出与整体协调、与内容统一、与内部空间相呼应的建筑立面,就是立面设计的主要任务。

建筑立面设计一般包括建筑各个方面的设计，并按正投影方法予以绘制。实际上，建筑造型是一种三度空间的艺术，我们看到的建筑都是透视效果，而且还是视点不断移动时的透视效果。如果再加上时间的因素，可以说建筑是四度空间的艺术。

因此，我们在立面设计中，除单独确定各个立面以外，还必须对实际空间效果加以研究，使每个立面之间相互协调，形成有机的统一整体。

（一）墙面的设计

建筑的外墙面对该建筑的特性、风格和艺术的表达起相当重要的作用。墙面处理最关键的问题就是如何把墙、垛、柱、窗、洞、槛墙等各种要素组织在一起，使之有条有理、有秩序、有变化。墙面的处理不能孤立地进行，它必然要受到内部房间划分以及柱、梁、板等结构体系的制约。在组织墙面时，必须充分利用这些内在要素的规律性来反映内部空间和结构的特点。同时，还要使墙面具有美好的形式，使之具有良好的比例、尺寸，特别是具有各种形式的韵律感。墙面设计，首先要巧妙地安排门、窗和窗间墙，恰当地组织阳台、凹廊等。而后还可借助窗间墙的墙垛、墙面上的线脚以及为分隔窗用的隔片、为遮阳用的纵横遮阳板等，来赋予墙面以更多的变化。因此，建筑的墙面处理具有很大的灵活性，其运用之妙，存乎一心。

（二）建筑虚实与凹凸的处理

建筑的“虚”指的是立面上的空虚部分，如玻璃门窗洞口、门廊、空廊、凹廊等，它们给人以不同程度的空透、开敞、轻巧的感觉；“实”指的是立面上的实体部分，如墙面、柱面、台阶踏步、脚、屋面、栏板等，它们给人以不同程度的封闭、厚重、坚实的感觉。以虚为主的手法大多能赋予建筑以轻快、开朗的特点；以实为主的手法大多能赋予建筑以厚重、坚实、雄伟的印象。立面凹凸关系的处理，可以丰富立面效果，加强光影变化，组织体量变化，突出重点和安排韵律节奏。较大的凹凸变化给人以强烈的起伏感，而小的凹凸安排会使人感到变化起伏柔和。

虚实与凹凸的处理对于建筑外观效果的影响极大。虚与实、凹与凸既是相互对立的，又是相辅相成和统一的。虚实凹凸处理必然要涉及墙面、柱、阳台、凹廊、门窗、排檐、门廊等的组合问题。为此，必须巧妙地利用建筑物的功能特点，把以上要素有机地组合在一起，统一和谐地显示整个建筑虚与实、凹与凸的对比与变化艺术。虚实与凹凸的处理常常给建筑带来活力，巧妙安排虚实对比和凹凸变化是创造建筑艺术形象的重要手法。

国内某些建筑利用框架结构的特点，采用了大面积的带形窗，或上下几层连通的玻璃窗，从而使虚实对比更加强烈了。目前一些建筑设计者利用大幅度的凹凸和虚实的对比与变化的特点，赋予了建筑更大的活力。

（三）立面上的重点与细部处理

突出建筑物立面中的重点，既是建筑造型的设计手法，也是建筑使用功能的需要。突出建筑物的重点，实质上是建筑构图中主要设计的一个方面。

但建筑立面设计中的主从关系还是有别于建筑体量上的主从关系的，后者一般从大的方面、从较远距离看建筑来考虑，而前者除了注重大体上远距离看建筑外，还重视近距离看建筑。立面的重点处理多重视对人的视线的引导，其处理效果一般是通过对比的手法取得。例如住宅的立面设计，为了显示入口，常常把入口的上部做些花饰。有的则将楼梯间的窗子设计得特殊一些，而有的则将入口部位设计得突出于整体。同时，还可在门上加雨罩、门斗或花格等。又如办公楼，通常主体简洁，常采用大门廊做重点处理，以突出主要入口，并增强办公楼的庄严气氛。

总而言之，在建筑立面设计中，利用阳台、凹廊、柱式、檐部、门斗、门廊、雨棚、台阶、踏步等的凹进凸出，可收到对比强烈、光影辉映、明暗交错之效。同时，利用窗户的大小、形状、组织变化、重点装饰等手法，也都可丰富立面的艺术感，更好地表现建筑性格。

三、影响体型和立面设计的因素

（一）使用功能

建筑是为了满足人们生产和生活需要而创造出的物质空间环境。根据使用功能的要求，结合物质技术、环境条件确定房间的形状、大小、高低，并进行房间的组合。而室内空间与外部体型又是互相制约又不可分割的两个方面。房屋外部形象反映建筑内部空间的组合特点，美观问题紧密地结合功能要求，这正是建筑艺术有别于其他艺术的特点之一。因此，各类建筑由于使用功能的千差万别，使室内空间截然不同，在很大程度上必然导致不同的外部体形及立面特征。

（二）物质技术条件

建筑不同于一般的艺术品，它必须运用大量的材料并通过一定的结构施工技术等手段才能建成。因此，建筑造型及立面设计必然在很大程度上受到物质技术条件的制约，并反映出结构、材料和施工的特点。

现代新结构、新材料、新技术的发展给建筑外形设计提供了更大地灵活性和多样性。特别是各种空间结构的大量运用，更加丰富了建筑物的外观形象，使建筑造型千姿百态。

由于施工技术本身的局限性，各种不同的施工方法对建筑造型都具有一定的影响。如采用各种工业化施工方法的建筑滑模建筑、升板建筑、盒子建筑等都具有各自不同的外形特征。

（三）城市规划及环境条件

建筑本身就是构成城市空间和环境的重要因素，它不可避免地要受到城市规划、基地环境的某些制约。此外，任何建筑都是必定坐落在一定的基地环境之中，要处理得协调统一，与环境融为一体，就必须和环境保持密切地联系。所以建筑基地的地形、地质、气候、方位、朝向、形状、大小、道路、绿化以及原有建筑群的关系等，都对建筑外部形象有极大的影响。

（四）社会经济条件

建筑物从总体规划、建筑空间组合、材料选择结构形式、施工组织直到维修管理等都包含着经济因素。建筑外形应本着勤俭节约的精神，严格掌握质量标准，尽量节约资金。应当提出，建筑外形的艺术美并不是以投资的多少为决定因素。事实上只要充分发挥设计者的主观能动性，在一定的经济条件下巧妙地运用物质技术手段和构图法则，努力创新，完全可以设计出适用安全、经济、美观的建筑物来。

第五节　高层建筑设计

一、高层建筑的分类

高层建筑的分类见表4-1。

表4-1　高层建筑的分类

住居建筑	高级住宅19层及19层以上的普通住宅	10~18层的普通住宅
公共建筑	（1）医院 （2）高级旅馆 （3）建筑高度超过50m或每层建筑面积超过1000m²的商业楼、展览楼、综合楼，电信楼、财贸金融楼 （4）建筑高度超过50m或每层建筑面积超过1500m²的商住楼 （5）中央级或省级（含计划单列市）广播电视楼 （6）厅局级和省级（含计划单列市）电力调度楼 （7）省级（含计划单列市）邮政楼、防灾指挥调度楼 （8）藏书超过100万册的图书馆、书库 （9）重要的办公楼、科研楼、档案楼 （10）建筑高度超过50 m的教学楼和普通旅馆、办公楼、科研楼、档案楼	（1）除一类建筑以外的商业楼、展览楼、综合楼、电信楼、财贸金融楼、商住楼、图书馆、书库 （2）省级以下的邮政楼、防灾指挥调度楼、广播电视楼、电力调度楼 （3）建筑高度不超过50m的教学楼和普通的旅馆、办公楼、科研楼、档案楼

二、高层建筑的结构选型

高层建筑主要采用四大结构体系，它们分别是框架结构、框剪结构、剪力墙结构和筒体结构。四大结构体系的允许建造高度详见表4-2。

表4-2 四大结构体系的允许建造高度

结构体系		非抗震设计	抗震设防烈度			
		6度	7度	8度	9度	
框架	现浇	60	60	56	45	25
	装配整体	50	50	35	25	-
框剪	现浇	130	130	120	100	50
	装配整体	100	100	90	70	-
现浇剪力墙	无框支墙	140	140	120	100	60
	部分框支墙	120	120	100	80	-
筒中筒及成束筒		180	180	1150	120	70

三、高层建筑的主要构造

(1)楼板

压型钢板组合式楼板；现浇钢筋混凝土楼板。

(2)墙体

填充墙，如加气混凝土砌块墙、焦渣砌块墙等；幕墙，如玻璃幕墙等。

(3)基础

板式基础；箱形基础；扩孔墩基础。

第六节 建筑空间的组合与利用

建筑空间组合就是依据内部使用要求，结合基地环境等条件将各种不同形状、大小、高低的空间组合起来，使之成为使用方便、结构合理、体形简洁完美的整体。

空间组合包括水平方向及垂直方向的组合关系，前者除反映功能关系外，还反映出结构关系以及空间的艺术构思。而剖面的空间关系也在一定程度上反映出平面关系，因此，将两方面结合起来就成为一个完整的空间概念。

一、建筑空间的组合

在进行建筑空间组合时，应根据使用性质和使用特点将各房间进行合理地垂直分区，做到分区明确、使用方便、流线清晰。同时应注意结构合理，设备管线集中，对于不同空间类型的建筑也应采取不同的组合方式。

(一)重复小空间的组合

这类空间的特点是大小、高度相等或相近，在一座建筑物内房间的数量较多，功能要求各房间应相对独立。因此,常采用走道式和单元式的组合方式,如住宅、医院、学校、办公楼等。组合中常将高度相同、使用性质相近的房间组合在同一层上,以楼梯将各垂直排列的空间联系起来构成一个整体。由于空间的大小、高低相等,对于同一各层楼地面标高、简化结构是有利的。

有的建筑由于使用要求或房间大小不同,出现了高低差别。如学校中的教室和办公室,由于容纳人数不同和使用性质不同,教室的高度相应比办公室大些。为了节约空间、降低造价,可将它们分别集中布置,采取不同的层高。以楼梯或踏步来解决这两部分空间的联系。

（二）大小、高低相差悬殊的空间组合

1. 以大空间为主体穿插布置小空间

有的建筑如影剧院、体育馆等,虽然有多个空间,但其中有一个空间是建筑主要功能所在,其面积和高度都比其他房间要大得多。空间组合常以大空间(观众厅和比赛大厅)为中心,在其周围布置小空间,或将小空间布置在大厅看台下面,充分利用看台下的结构空间。这种组合方式应处理好辅助空间的采光、通风以及运动员、工作人员的人流交通问题。

2. 以小空间为主灵活布置大空间

某些类型的建筑,如教学楼、办公楼、旅馆、临街带商店的住宅等,虽然构成建筑物的绝大部分房间为小空间,但由于功能要求还需布置少量大空间,如教学楼中的阶梯教室办公楼中的大会议室、旅馆中的餐厅、临街住宅中的营业厅等。这类建筑在空间组合中常以小空间为主形成主体,将大空间附建于主体建筑旁,从而不受层高与结构的限制;或将大小空间上下叠合起来,分别将大空间布置在顶层或一二层。

3. 综合性空间组合

有的建筑由于满足多种功能的要求,常由若干大小、高低不同的空间组合起来形成多种空间的组合形式。如文化宫建筑中有较大空间的电影厅、餐厅健身房等,又有阅览室、门厅、办公室等空间要求不同的房间。又如图书馆建筑中的阅览室、书库、办公等用房在空间要求上也不一致。阅览室要求较好的天然采光和自然通风,层高一般为4~5 m,而书库是为了保证最大限度地藏书及取用方便,层高一般为2.2~2.5m,对于这一类复杂空间的组合不能仅局限于一种方式,必须根据使用要求,采用与之相适应地多种组合方式。

（三）错层式空间组合

当建筑物内部出现高低差的现象,或由于地形的变化使房屋几部分空间的楼地面出现高低错落现象时,可采用错层的处理方法使空间取得和谐统一。具体处理方式如下:

1. 以踏步或楼梯联系各层楼地面以解决错层高差

有的公共建筑，如教学楼、办公楼、旅馆等主要使用房间空间高度并不高，为了丰富门厅空间变化并得到合适的空间比例，常将门厅地面降低。这种高差不大的空间联系常借助少量踏步来解决。

当组成建筑物的两部分空间高差较大，或由于地形起伏变化，房屋部分之间楼地面高低错落，这时常利用楼梯间解决错层高差。通过调整梯段踏步的数量，使楼梯平台与错层楼地面标高一致。这种方法能够较好地结合地形、灵活地解决纵横向的错层高差。

2. 以室外台阶解决错层高差

如垂直等高线布置的住宅建筑，各单元垂直错落，错层高差为一层，均由室外台阶到达楼梯间。这种错层方式较自由，可以随地形变化且相当灵活地随意错落。

（四）台阶式空间组合

台阶式空间组合的特点是建筑由下至上形成内收的剖面形式，从而为人们提供了进行户外活动及绿化布置的露天平台。此种建筑形式适用于连排的总体布置中，可以减少房屋间距，取得节约用地的效果。同时由于台阶式建筑采用了竖向叠层、向上内收、垂直绿化等手法，从而丰富了建筑外观形象。

二、建筑空间的利用

建筑空间的利用涉及建筑的平面及剖面设计。充分利用室内空间不仅可以增加使用面积、节约投资。而且如果处理得当还可以起到改善室内空间比例，丰富室内空间艺术的效果。因此，合理地、最大限度地利用空间以扩大使用面积，是空间组合的重要问题。

（一）夹层空间的利用

公共建筑中的营业厅、体育馆、影剧院、候机楼等，由于功能要求其主体空间与辅助空间在面积和层高上常常不一致，因此常采取在大空间周围布置夹层的方式，从而达到利用空间及丰富室内空间的效果。

在设计夹层的时候，特别在多层公共大厅中（如营业厅）应特别注意楼梯的布置和处理，应充分利用楼梯平台的高差来适应不同层高的需要，以不另设楼梯为好。

（二）房间上部空间的利用

房间上部空间主要是指除了人们日常活动和家具布置以外的空间。如住宅中常利用房间上部空间设置隔板、吊柜作为贮藏之用。

（三）结构空间的利用

在建筑物中，随着墙体厚度的增加，所占用的室内空间也会相应增加。因此充分利用墙体空间可以起到节约空间的作用。通常多利用墙体空间设置壁龛、窗台柜。利用角柱布置书架及工作台。

除此之外，设计中还应将结构空间与使用功能要求的空间在大小、形状、高低上尽量统一起来，以达到最大限度地利用空间。

（四）楼梯间及走道空间的利用

一般民用建筑楼梯间底层休息平台下至少有半层高。为了充分利用这部分空间，可采取降低平台下地面标高，或增加第一梯段高度以增加平台下的净空高度，作为布置贮藏室及辅助用房和出入口之用。同时，楼梯间顶层有一层半空间高度，可以利用部分空间用来布置一个小贮藏间。

民用建筑走道主要用于人流通行，其面积和宽度都较小，因此高度也相应要求低些。但从简化的结构考虑，走道和其他房间往往采取相同的层高。为了充分利用走道上部多余的空间，常利用走道上空布置设备管道及照明线路，居住建筑中常利用走道上空布置贮藏空间。这样处理不但充分利用了空间，也使走道的空间比例尺度更加协调。

第五章　工业建筑设计

在经济发展的影响下，国内的工业建筑获得了迅速的发展。在工业建筑领域中，整体领域都在向新的趋势尝试革新，同时，在工业设计的理念中，也有了更多地新鲜血液促进我国工业建筑设计的发展。本章主要对工业建筑设计展开讲述。

第一节　工业建筑的概念

工业建筑，是指专供生产使用的建筑物和构筑物。其种类繁多，从重工业到轻工业，从小型到大型，从生产车间到设备设施，凡是从事工业生产的建筑物与构筑物均属于这个范畴。

现代工业建筑起源18世纪下半叶开展工业革命的英国，随后蔓延到美国、德国以及欧洲、亚洲的几个工业发展较快的国家。时至今日，工业建筑的发展已历经200多年历史，在国民经济发展和社会文明进步中具有重要的地位并发挥着重要的作用。

工业建筑和我国大多数的民用建筑不同，其主要是为了满足不同的生产活动所修建的建筑物。因此，其工业建筑需要相应的满足一定的特点，即工业建筑的修建需要满足生产活动所进行的生产工业的基本要求、工业建筑内部需要有庞大的面积和空间来供各类型工人的正常生产活动、工业建筑的内部结构和构造较为复杂，因此导致其工业建筑相较于民用建筑来说修缮难度较高。工业建筑的构造需要结合其厂房内部相关的生产活动，即需要有一定的联系。不同生产活动的工业建筑之间有着很多不同的特点，工业建筑的通风、采光、排水等方面的构造较为特殊。

一般来说，我国当下主要的工业建筑主要有医药厂房、纺织厂房、化工厂房、冶金厂房，内部的相关构造物有烟囱、水塔、栈桥、囤仓。除了必要的高科技生产建筑物外，还相应的有一些园区配套生活建筑，即食堂、宿舍、管理楼、垃圾站、变配电所、雨水泵房等。

其工业建筑还可以根据层数、生产状况、用途等几个因素进行相应的分类。比如说层数，则有多层厂房、单层厂房、混合层次厂房；生产状况则有热加工车间、冷加工车间、洁净车间、恒温恒湿车间、有爆炸可能车间、大量腐蚀车间、噪声车间、防电磁波干扰车间、其他各种类型情况的车间等。

当前，我国正处于经济高速发展期，工业建筑在建筑领域中占有越来越大的比重，成为城市建设的重要组成部分。工业建筑用地一般占总用地的25%~30%，而在一些以工业为经济支柱的城市，因拥有一些大中型企业，工厂用地比例甚至可达到50%以上。在城市的总体布局中，工业建筑区位的布局、风向位置，环保处理措施建筑形象等，对城市交通环境质量、景观塑造及城市总体发展都起着极为重要的作用和影响。

第二节　工业建筑的特点

一、厂房的设计建造与生产工艺密切相关

每一种工业产品的生产都有一定的生产程序，即生产工艺流程。为了保证生产的顺利进行，保证产品质量和提高劳动生产率，厂房设计必须满足生产工艺要求，不同生产工艺的厂房有不同的特征。

二、内部空间大

由于工业厂房中的生产设备多、体积大，各生产环节联系密切，还有多种起重和运输设备通行，所以需要厂房内部具有较大的开敞空间，且对结构要求较高。例如，有桥式吊车的厂房，室内净高一般均在八米以上；厂房长度一般在数十米，有些大型轧钢厂，其长度可达数百米甚至超过千米。

三、厂房屋顶面积大，构造复杂

当厂房尺度较大时，为满足室内采光、通风的需要，屋顶上通常会开设天窗；为了屋面防水排水的需要，还要设置屋面排水系统（天沟及落水管），这些设施造成屋顶构造复杂。

四、荷载大

工业厂房由于跨度大，屋顶自重就大，且一般都设置一台或更多起重量为数十吨的吊车，同时还要承受较大的振动荷载，因此多数工业厂房采用钢筋混凝土骨架承重。对于特别高大的厂房，有重型吊车的厂房，高温厂房，或地震烈度较高地区的厂房，均需要采用钢骨架承重。

五、需满足生产工艺的某些特殊要求

对于一些有特殊要求的厂房，为保证产品质量和产量，保护工人身体健康及生产安

全，厂房在设计建造时就会采取技术措施来满足某些特定要求。如热加工厂房因产生大量余热及有害烟尘，需要足够的通风；精密仪器生物制剂、制药等厂房，要求车间内空气保持一定的温度湿度、洁净度；有的厂房还有防振、防辐射或电磁屏蔽的要求等。

六、工业建筑设计节能的现状

目前，由于我国的各项领域和科技的快速发展，导致其各类型资源的快速消耗和使用，使得我国的能源量开始不断紧张，从而直接导致节能减排的力度持续上涨。其中，工业建筑节能在节能减排中扮演着重要的角色，我国相关部门和单位也针对其工业建筑的设计节能方面开始加大重视力度。比如说，我国工业建筑内部的温度调控系统的能源消耗就很大，由于生产科技的不够发达，使得很多工业生产环节所产生的能源消耗大大超标。因此，这就导致了其工业建筑设计节能迫在眉睫，需要针对其工业建筑设计节能当中的问题进行仔细分析，从而更好地开展后续的设计节能工作。

七、促进工业建筑节能设计发展的措施

通过上述篇幅，我们了解了工业建筑的相关知识以及设计原则，因此，为了贴合我国的可持续发展战略方针，就需要仔细分析我国当下工业建筑设计节能的问题和状况，从而相应的实施一些对策，来促进我国工业建筑的健康进一步发展。

（一）创新新型工业建筑设计节能方式

对于我国当下的工业建筑设计节能方式来说，目前还处于一个不够发达的阶段。例如传统的工业生产厂房间对热损耗的建设方式则是主要依靠功能不同单独建设，从而导致了其建筑物外部的维护增多，加大了成本资金投入。因此，为了更好地促进其工业建筑设计节能的发展，就需要创新新型工业建筑设计节能方式，应用更加优秀的工业建筑设计节能方式，在满足对工业建筑最基本的生产要求的同时，又可以相应地减少企业主对于工业建筑建设过程当中所产生的资金投入，降低成本来增加更多的企业经济效益。

（二）充分考虑实际生产情况，运用各类型节能方法来体现工业建筑节能

对于工业建筑设计节能来说，其厂房的选址和场地确定来说，由于生产工艺的特殊和必须满足生产工艺活动的相关生产要求，一般没有特别好的解决办法。因此，想要良好地实施工业建筑节能设计，关键的就是要充分考虑到实际的生产情况和生产工艺，相应运用一些良好的节能建材，实施对应的节能设计方案，来更好地促进其工业建筑的节能发展。

第三节 工业建筑设计的特点

工业建筑具有一般建筑的共性，又具有突出的个性，因此在设计上有着与民用建筑设计不同的特点。

一、服务目的不同

一般来讲，民用建筑是以满足人们的生活、工作等需要为主要目的；而工业建筑是以满足生产需要，保证设备的安全及生产的顺利进行和人们在其内正常工作为主要目的。工业建筑作为直接服务于工业生产的建筑类型，顾名思义，它是人们进行集约化生产的场所。工业建筑首先要满足生产中的场地、运输库存等基本生产要求，同时还要兼顾人们在劳作中的环境舒适性。

二、设计要求不同

工业建筑的功能设计主要是为了服务于生产活动，保证生产活动的顺利开展与进行。一般来说，评价一个工业建筑项目是否成功的最基本标准就是一个合格的工业建筑项目必须能够保障其内部设备的正常运行。不同的生产设备的使用功能和性能是不一样的，因此，工业建筑的设计工作一定要将设备的特点和功能作为最基础的依据。

三、与民用建筑设计的程序不同

工业建筑设计与民用建筑设计最大的区别就是工业建筑设计比民用建筑设计多了一道工艺设计。对于工业建筑来说，首先要由工艺设计人员对其进行工艺设计，其次提供生产工艺资料供设计师分析使用。

工业建筑，建筑形式和结构形式的选择，主要是由工艺、设备、生产操作及生产要求等诸多因素所决定的。建筑设计应与工艺设计多进行交流、配合，同时满足工艺和结构设计的基本要求。例如，在做选煤厂设计时，由于原材料为颗粒状，每道工序都是在由上到下的重力流动中逐渐进行的。因此，对选煤厂进行设计的关键是弄清生产线竖向流程，由该流程上标示的设备确定厂房平面层高及建筑高度。选煤厂还有较多的设备及与其连接的各类输送管道，应由这些设备管道和工作人员的活动范围确定平面开间及跨度根据设备的各阶段连接确定厂房的层高和高度。在整个平面、层高确定后，还要按工艺要求进行复核调整，直至达到工艺生产要求。

结构设计也要与工艺设计协调。厂房是为生产服务的，厂房设计中结构专业作为配套专业，首先应满足工艺要求，其次结构设计也必须服从于工艺条件。而现实中工艺布置经常与结构设计发生矛盾，例如要开洞的地方是框架梁，设备本来可以沿梁布置却布置在了跨中等。所以结构设计人员应多与工艺协调，尽量了解工艺布置，尽量为设计和施工减少不必要的麻烦。

四、荷载作用不同

荷载计算是结构计算的条件，荷载取值的准确性直接关系到计算结果的准确性。工业建筑中的设备不仅要考虑静荷载，还要考虑动荷载影响。因为计算过程极其复杂，且基于生产工艺流程和相应配置的设备，以及生产操作、设备维护更新等实际要求，工业建筑的楼面荷载往往很大。如许多工业厂房的吊车梁上有吊车荷载，吊车荷载最大轮压超过 70t，由两组移动的集中荷载组成，一组是移动的竖向垂直轮压，另一组是移动的横向水平制动力。吊车荷载具有冲击和振动作用，且是重复荷载，如果车间使用期为 50 年，则在这期间重复工作制吊车荷载重复次数可达到（4–6）× 105 次，中级工作制吊车一般也可达 2 × 106 次，因此还要考虑疲劳而引起的强度降低，进行疲劳强度验算。

另外，工业建筑由于每一层平面均不相同，平面镂空多，加上设备的分布，使得整栋楼的质量分布极不均匀，质量的刚性严重偏离。同时，由于开洞面积太大并常有楼层错层现象，导致楼板局部不连续，其侧向刚度也不规则，所以工业建筑不利于抗震，地震时容易产生扭转，在设计时要采取措施来克服这种不利影响。

五、预留孔和预埋件较多

为了满足工艺的需要，且需要安装大量的设备，工业建筑需要大量埋设预埋件（预埋螺栓），同时要设许多预留孔。各预留孔和预埋件（预埋螺栓）与轴线的几何关系以及空间（上下层间）几何关系非常复杂，而且相互间几何关系要求非常高，每层的标高和螺栓埋设位置都要求非常精确，这就要求设计人员在结构施工图中详细标明预埋件（预埋螺栓）的大小规格及准确的定位尺寸。如果未在结构施工图中画出预埋件（预埋螺栓），往往会造成预埋件（预埋螺栓）漏埋，现场补设预埋件（预埋螺栓）既费时又浪费，既增加了业主的投资，又拖延了施工进度。因此，结构设计人员在出图之前应认真设计、复核，在结构施工图中必须注明预埋件（预埋螺栓）的大小及定位尺寸，技术交底时，也必须向施工单位阐明这一点。预埋件（预埋螺栓）一定要按照工艺和结构设计的基本要求来设计和选择相应的受力预埋件（预埋螺栓），所以建筑设计时需要与工艺专业多进行交流。

第四节　工业建筑的分类

一、按层数分类

按层数不同，一般分为单层厂房、多层厂房、层数混合厂房等。

（一）单层厂房

单层厂房是层数仅为1层的工业厂房，适用于大型机器设备或有重型起重运输设备的厂房。其特点是生产设备体积大、质量大，厂房内以水平运输为主。

（二）多层厂房

多层厂房是层数在2层及以上的厂房，常用的为2~6层，适用于生产设备及产品较轻、可沿垂直方向组织生产和运输的厂房，如食品、电子精密仪器或服装工业等专用厂房。其特点如下：

1. 生产在不同标高的楼层上进行。多层厂房的最大特点是每层之间不仅有水平的联系，还有垂直方向的。因此在厂房设计时，不仅要考虑同一楼层各工段间应有合理的联系，还必须解决好楼层之间的垂直联系，安排好垂直交通。

2. 节约用地。多层厂房具有占地面积少、节约用地的特点。例如建筑面积为10000m^{2}的单层厂房，它的占地面积就需要10000m^2，若改为五层的多层厂房，其占地面积仅需要2000m^2，相比较而言单层厂房更节约用地。

3. 节约投资：①减少土建费用。由于多层厂房占地少，从而使地基的土石方工程量减少、屋面面积减少、相应地也减少了屋面天沟、雨水管及室外的排水工程等费用。②缩短厂区道路和管网。多层厂房占地少，厂区面积也相应减少，同样厂区内的铁路、公路运输线及水电等各种工艺管线的长度缩短，可节约部分投资。

4. 多层厂房柱网尺寸较小，通用性较差，不利于工艺改革和设备更新，当楼层上布置有振动较大的设备时，对结构及构造要求较高。

（三）层数混合厂房

同一厂房内既有单层也有多层的称为混合层数的厂房，多用于化学工业热电站的主厂房等。其特点是能够适用于同一生产过程中不同工艺对空间的需求，经济实用。

二、按用途分类

按用途不同，一般分为主要生产厂房、辅助生产厂房、动力用厂房、库房、运输用房和其他用房等。

（1）主要生产厂房：在这类厂房中进行生产工艺流程的全部生产活动，一般包括从备料、加工到装配的全部过程。生产工艺流程是指产品从原材料到半成品到成品的全过程，例如钢铁厂的烧结焦化炼铁、炼钢车间。

（2）辅助生产厂房：为主要生产厂房服务的厂房，例如机械修理车间、工具车间等。

（3）动力用厂房：为主要生产厂房提供能源的场所，例如发电站、锅炉房、煤气站等。

（4）库房：为生产提供存储原料（例如炉料、油料）半成品、成品等的仓库。

（5）运输用房：为生产或管理用车辆提供存放与检修的房屋，例如汽车库、消防车库、电瓶车库等。

（6）其他用房：包括解决厂房给水、排水问题的水泵房、污水处理站，厂房配套生活设施等。

三、按生产状况分类

按生产状况不同分为冷加工车间、热加工车间、恒温恒湿车间、洁净车间、其他特种状况的车间等。

（1）冷加工车间，是指供常温状态下进行生产的厂房，例如机械加工车间、金工车间等。

（2）热加工车间，是指供高温和熔化状态下进行生产的厂房，可能散发大量余热、烟雾、灰尘、有害气体，例如铸工、锻工热处理车间。

（3）恒温恒湿车间，是指在恒温（20℃左右）、恒湿（相对湿度为50%~60%）条件下生产的车间，例如精密机械车间或纺织车间等。

（4）洁净车间，是指在高度洁净的条件下进行生产的厂房，防止大气中灰尘及细菌对产品的污染，例如集成电路车间、精密仪器加工及装配车间等。

（5）其他特种状况的车间，是指生产过程中有爆炸可能性、有大量腐蚀物、有放射性散发物、有防微振或防电磁波干扰要求等情况的厂房。

第五节　工业建筑的设计要求

一、设计要求

工业建筑设计过程是：建筑设计人员依据设计任务书和工艺设计人员提出的生产工艺设计资料和图纸，设计厂房的平面形状、柱网尺寸、剖面形式、建筑体形；合理选择结构方案和围护结构的类型，进行细部构造设计；协调建筑结构、水、暖、电、气、通风等各工种。工业建筑设计应正确贯彻“坚固适用、经济合理、技术先进”的原则，并满足以下要求。

（一）满足生产工艺的要求

生产工艺是工业建筑设计的主要依据。建筑设计之前，应该先做工艺设计并提出工艺要求，工艺设计图是生产工艺设计的主要图纸，包括工艺流程图设备布置图和管道布置图。生产工艺的要求就是该建筑使用功能上的要求，建筑设计在建筑面积、平面形状、柱距跨度、剖面形式、厂房高度以及结构方案和构造措施等方面，必须满足生产工艺的要求。

（二）满足建筑技术的要求

（1）工业建筑的坚固性及耐久性应符合建筑的使用年限要求。建筑设计应为结构设计的经济合理性创造条件，使结构设计更有利于满足安全性、适用性和耐久性的要求。

（2）建筑设计应使厂房具有较大的通用性和改建、扩建的可能性。

（3）应严格遵守相关的规定，合理选择厂房建筑设计参数（柱距、跨度、柱顶标高、多层厂房的层高等），以便采用标准的、通用的结构构件，尽量做到设计标准化生产工厂化、施工机械化，从而提高厂房建造的工业化水平。

（三）满足建筑经济的要求

（1）在不影响卫生、防火及室内环境要求的条件下，将若干个车间（不一定是单跨车间）合并成联合厂房，对现代化连续生产极为有利。因为联合厂房占地较少，导致外墙面积也相应减小，还缩短了管网线路，使用灵活，能满足工艺更新的要求。

（2）应根据工艺要求、技术条件等，尽量采用多层厂房，以节约用地等。

（3）在满足生产要求的前提下设法缩小建筑体积，通过充分利用空间，合理减少结构面积，提高使用面积。

（4）在不影响厂房的坚固耐久、生产操作、使用要求和施工速度的前提下，应尽量降低材料的消耗，从而减轻构件的自重和降低建筑造价。

（5）设计方案应便于采用先进的、配套的结构体系及工业化施工方法。但是，必须结合当地的材料供应情况，施工机具的规格、类型以及施工人员的技能来考虑。

（四）满足卫生及安全的要求

（1）应有与厂房所需采光等级相适应的采光条件，以保证厂房内部工作面上的照度满足要求；应有与室内生产状况及气候条件相适应的通风措施。

（2）能排除生产余热、废气，提供正常的卫生、工作环境。

（3）对散发出的有害气体、有害辐射、严重噪声等，应采取净化、隔离以及消声、隔声等措施。

（4）美化室内外环境，注意厂房内部的水平绿化垂直绿化及色彩处理。

（5）总平面设计时，应将有污染的厂房放在下风位。

二、工业建筑施工测量

工业建筑中以厂房为主体，一般工业厂房采用预制构件在现场装配的方法施工。厂房的预制构件有柱子、吊车梁和屋架等。因此，工业建筑施工测量的工作主要是保证这些预制构件安装到位。

学习环境：网络查询工业建筑施工测量规范，参观学校所在城市工业厂房施工测量的工作，然后在专业教师的指导下进行本任务的完成。

仪器工具：全站仪、经纬仪、水准仪、计算器和水准尺等。

（一）工业建筑施工测量要求

1. 在施工的建筑物或构筑物外围，应建立线板或控制桩。线板应标记中心线编号，并测设标高。线板和控制桩应注意保存。

2. 施工测量人员在大型设备基础浇筑过程中，应及时看守观测，当发现位置及标高与施工要求不符时，应立即通知施工人员，及时处理。

3. 测设备工序间的中心线，宜符合下列规定：当利用建筑物的控制网测设中心线时，其端点应根据建筑物控制网相邻的距离指示桩，以内分法测定。进行中心线投点时，经纬仪的视线，应根据中心线两端点确定，当无可靠校核条件时，不得采用测设直角的方法进行投点。

4. 构件的安装测量工作开始前，必须熟悉设计图，掌握限差要求，并制定作业方案。

5. 柱子、桁架或梁的安装测量的允许偏差，应符合表 4-1 的规定。

6. 构件预安装测量的允许偏差，应符合表 4-2 的规定。

7. 附属构筑物安装测量的允许偏差，应符合表 4-3 的规定。

8. 设备安装过程中的测量，应符合下列规定：设备基础中心线的复测与调整。基础竣工中心线必须进行复测，两次测量的较差不大于 5mm。埋设有中心标板的重要设备基础，其中心线由竣工中心线引测，同一中心线标点的偏差应在 ±1mm 以内。纵横中心线应进行垂直度的检测，并调整横向中心线。同一设备基准中心线的平行偏差或同一生产系统的中心线的直线度应在 ±1mm 内。设备安装基准点的高程测量，一般设备基础基准点的标高偏差应在 ±2mm 以内。转动装置有联系的设备基础，其相邻两基准点的标高偏差应在 ±1mm 以内。

表 4–1　柱子、桁架或梁的安装测量允许偏差

测量内容	允许偏差
钢柱垫板标高	± 2
钢柱 ± 0 标高检查	± 2
混凝土柱（预制）± 0 标高	± 3
混凝土柱、钢柱垂直度	± 3
桁架和实腹梁、桁架和钢架的支承结点间相邻高差的偏差	± 5
梁间距	± 3
梁面垫板标高	± 2

表 4–2　构件预装测量的允许偏差物业

测量内容	测量的允许偏差
平台面抄平	± 1
纵横中心线的正交度	± 0.8
顶装过程中的抄平工作	± 2

表 4–3　附属构筑物安装测量的允许偏差

测量项目	测量的允许偏差
栈桥和斜拉桥中心线的投点	± 2
轨面的标高	± 2
轨道跨距的丈量	± 2
管道构件中心线的定位	± 2
管道标高的测量	± 5
管道垂直度的测量	H

（二）测设方法与放样数据计算

工业建筑定位方法主要有极坐标法、方向线交会法、直角坐标法、距离交会法、角度交会法和全站仪任意设站法，以及 GPS-RTK 放样等方法。

园区总平面设计和单个厂房设计，具体放样点的坐标和尺寸为虚设的，在教学过程中只能作为教学案例。具体实施步骤如下：

第一步：工业厂房控制网的测设。

工业建筑场地的施工控制网建立后，不仅要对每个厂房或车间进行施工放样，还需对每个厂房或车间建立厂房施工控制网。由于厂房多为排柱式建筑，跨度和间距大。所以厂房施工控制网多数布设成矩形，故也称厂房矩形控制网或简称厂房矩形网。

1. 布网前的准备工作

（1）了解厂房平面布置情况，以及设备基础的布置情况。

（2）了解厂房柱子中心线和设备基础中心线的有关尺寸、厂房施工坐标和标高等。

（3）熟悉施工场地的实际情况，如地形变化、放样控制点的应用等。

（4）了解施工的方法和程序，熟悉各种图纸资料。

2. 厂房控制网的布网方法

（1）角桩测设方法

布置在基坑开挖范围以外的厂房矩形控制网的四个角点，称为厂房控制桩。角桩测设法就是根据工业建筑厂区的方格网，利用直角坐标法直接测设厂房控制网的四个角点。用木桩标定后，检查角点间的角度和距离关系，并做必要的误差调整。一般来说，角度误差不应超过 ±10″，边长相对误差不得超过 1/10000。这种形式的厂房矩形控制网适用于精度要求不高的中小型厂房。

（2）主轴线测设方法

厂房主轴线指厂房长、短两条基本轴线，一般是互相垂直的主要柱列轴线或设备基础轴线，它是厂房建设和设备安装平面控制的依据。主轴线测设方法步骤如下：

1）首先根据厂区控制网定出厂房矩形网的主轴线，如图 4-1 所示。其中 A、O、B 为主轴线点，它们可根据厂区控制网或原有控制网测设，并适当调整使三点在一条直线上。然后在 O 点测设 OC 和 OD 方向，并进行方向改正，使两主轴线严格垂直，主轴线交角误差为 ±（3″ ~5″）。轴线方向调整好后，以 O 点为起点精密量距，确定主轴线端点位置，主轴线边长精度不低于 1/30000。

2）根据主轴线测设矩形控制网。如图 4-1 所示，分别在 A、B、C、D 处安置经纬仪，后视 O 点，测设直角，交会出 E、F、G、H 各厂区控制桩，然后再精密丈量 AH、AE、GB、BF、CH、CG、DE、DF，其精度要求与主轴线相同。若量距所得交点位置与角度交会所得点位置不一样，则应调整。

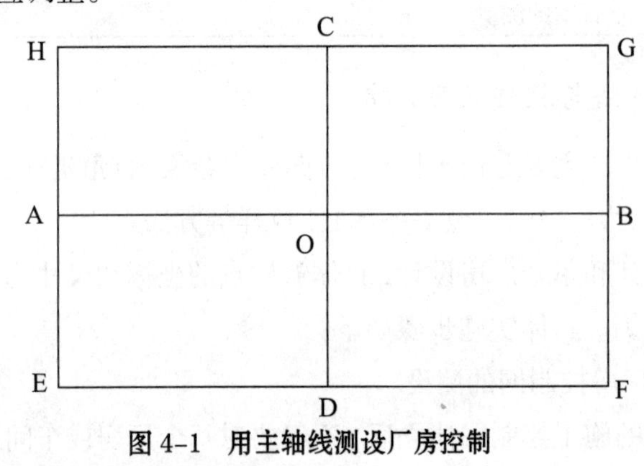

图 4–1　用主轴线测设厂房控制

第二步：柱列轴线的测设和柱基施工测量。

1. 柱列轴线的测设

根据厂房平面图上所注的柱间距和跨距尺寸，用钢尺沿矩形控制网各边量出各柱列轴线控制桩的位置，并打入大木桩，桩顶用小钉标出点位，作为柱基测设和施工安装的依据。丈量时应以相邻两个距离指标桩为起点分别进行，以便检核。

2. 柱基定位和放样

（1）安置两台经纬仪，在两条互相垂直的柱列轴线控制桩上，沿轴线方向交会出各柱基的位置（即柱列轴线的交点），此项工作称为柱基定位。

（2）在柱基的四周轴线上，打入四个定位小木桩，其桩位应在基础开挖边线以外，比基础深度大 1.5 倍的地方。桩顶采用统一标高，并在桩顶用小钉标明中线方向，作为修坑和立模的依据。

（3）按照基础详图所注尺寸和基坑放坡宽度，用特制角尺，放出基坑开挖边界线，并撒出白灰线以便开挖，此项工作称为基础放样。

（4）在进行柱基测设时，应注意柱列轴线不一定都是柱基的中心线，而一般立模、吊装等习惯用中心线。此时，应将柱列轴线平移，定出柱基中心线。

3. 柱基施工测量

（1）基坑开挖深度的控制

当基坑挖到一定深度时，应在基坑四壁离基坑底设计标高 0.5m 处，测设水平桩，作为检查基坑底标高和控制垫层的依据。此外还应在坑底边沿及中央打入小木桩，使桩顶高程等于垫层设计高程，以便在桩顶拉线打垫层。

（2）杯形基础立模测量

杯形基础立模测量有以下三项工作：

1）基础垫层打好后，根据基坑周边定位小木桩，用拉线吊锤球的方法，把柱基定位线投测到垫层上，弹出墨线。用红漆画出标记，作为柱基立模板和布置基础钢筋的依据。

2）立模时，将模板底线对准垫层上的定位线，并用锤球检查模板是否垂直。

3）将柱基顶面设计标高测设在模板内壁，作为浇灌混凝土的高度依据。在支撑底模板时，顾及柱子预制时可能有超长的现象，应使浇灌后的杯底标高比设计标高略低 3~5cm，以便拆模后填高修平杯底。

第三步：工业厂房构件的安装测量。

在建筑工程施工中，为了缩短施工工期，确保工程质量。随着建筑工程施工机械化程度的提高，将以往所采用的现场浇筑钢筋混凝土改为工业化生产预制构件，并在施工现场安装主要构件。在构件安装之前，必须仔细研究设计图纸所给预制构件尺寸，查预制实物尺寸，考虑作业方法，使安装后的实际尺寸与设计尺寸相符或存在容许的偏差以内。单层工业厂房主要由柱子、吊车梁、吊车轨道和屋架等组装而成。从安装施工过程来看，柱子的安装最为关键，它的平面、标高以及垂直度的准确性，将影响其他构件的安装精度。

1. 柱子安装测量

（1）柱子安装应满足的基本要求

柱子中心线应与相应的柱列轴线一致，其允许偏差为 ±5mm。牛腿顶面和柱顶面的实际标高应与设计标高一致，其允许误差为 ±（5~8)mm，柱高大于 5m 时为 ±8mm。柱身垂直允许误差是当柱高 ≤5m 时，为 ±5mm；当柱高 5~10m 时，为 ±10mm；当柱高超过 10m 时，则为柱高的 1/1000，但不得大于 20mm。

(2)柱子安装前的准备工作

柱子安装前的准备工作有以下几项：

1)在柱基顶面投测柱列轴线。柱基拆模后，用经纬仪依据柱列轴线控制桩，将柱列轴线投测到杯口顶面上，并弹出墨线，用红漆画出“▼”标志，作为安装柱子时确定轴线的依据。如果柱列轴线不通过柱子的中心线，应在杯形基础顶面上加弹柱中心线。用水准仪在杯口内壁，测设一条一般为0.600m的标高线(一般杯口顶面的标高为0.500m)，并画出“▼”标志，作为杯底找平的依据。

2)柱身弹线。柱子安装前，应将每根柱子按轴线位置进行编号。在每根柱子的3个侧面弹出柱中心线，并在每条线的上端和下端近杯口处画出“▼”标志。

根据牛腿面的设计标高，从牛腿面向下用钢尺量出0.600m的标高线，并画出“▼”标志。

3)杯底找平。先量出柱子的0.600m标高线至柱底面的长度，再在相应的柱基杯口内，量出0.600m标高线至杯底的高度，并进行比较，以确定杯底找平厚度，用水泥砂浆根据找平厚度，在杯底找平，使牛腿面符合设计高程。

(3)柱子的安装测量

柱子安装测量的目的是保证柱子平面和高程符合设计要求，柱身铅直。

1)预制的钢筋混凝土柱子插入杯口后，应使柱子3个侧面的中心线与杯口中心线对齐，用木楔或钢楔临时固定。

2)柱子立稳后，立即用水准仪检测柱身上的±0.000m标高线，其允许误差为±3mm。

3)将两台经纬仪分别安置在柱基纵横轴线上，经纬仪离柱子的距离不小于柱高的1.5倍。先用望远镜瞄准柱底的中心线标志，固定照准部后，再缓慢抬高望远镜观察柱子偏离十字丝竖丝的方向，指挥用钢丝绳拉直柱子，直至从两台经纬仪中观测到的柱子中心线都与十字丝竖丝重合为止。

4)在杯口与柱子的缝隙中浇入混凝土，以固定柱子的位置。

5)在实际安装时，一般是一次把许多柱子都竖起来，然后进行垂直校正。这时，可把两台经纬仪分别安置在纵横轴线的一侧，一次可校正多根柱子，但仪器偏离轴线的角度 β 应在15° 以内。

(4)柱子安装测量的注意事项

1)由于安装施工现场场地有限，往往安置经纬仪离目标较近，照准柱身上部目标时仰角较大。为了减小经纬仪横轴不垂直于竖轴所造成的倾斜面投影的影响，仪器必须进行检验校正，尤应注意横轴垂直于竖轴的检验。当发现存在这种误差时，必须校正好后方能使用或更换一台满足条件的经纬仪。

2)由于仰角较大，仪器如不严格整平，竖轴可能不铅垂，导致仪器产生倾斜误差。此时，远处高目标照准投影误差较大，因而仪器安置必须严格整平。

3）在强烈阳光下安装柱子，要考虑到各侧面受热不均产生柱身弯曲变形影响。其规律是柱子向背阴的一面弯曲，使柱身上部中心位置有水平位移。为此，应选择有利的安装时间，一般早晨或阴天较好。

4）为了校正柱子上部偏离中心线位置而用锤敲打下部杯口木楔或钢楔时，不应使下部柱子有位移，要确保柱脚中心线标记与杯口上的中心线标记一致，致使柱身上部做倾斜位移。

2. 吊车梁安装测量

吊车梁安装测量主要是保证吊车梁中线位置和吊车梁的标高满足设计要求。

（1）吊车梁安装前的准备工作

1）在柱面上量出吊车梁顶面标高。根据柱子上的内容有误标高线，用钢尺沿柱面向上量出吊车梁顶面设计标高线，作为调整吊车梁面标高的依据。

2）在吊车梁上弹出梁的中心线。在吊车梁的顶面和两端面上，用墨线弹出梁的中心线，作为安装定位的依据。

3）在牛腿面上弹出梁的中心线，根据厂房中心线在牛腿面上投测出吊车梁的中心线。投测方法如下：利用厂房纵轴线，根据设计轨道间距，在地面上测设出吊车梁中心线（也是吊车轨道中心线）。在吊车梁中心线的一个端点上安置经纬仪，瞄准另一个端点，固定照准部，抬高望远镜，即可将吊车梁中心线投测到每根柱子的牛腿面上，并用墨线弹出梁的中心线。

（2）吊车梁的安装测量

安装时，首先使吊车梁两端的梁中心线与牛腿面梁中心线重合，误差不超过 5mm，这是吊车梁初步定位。其次采用平行线法，对吊车梁的中心线进行检测，校正方法如下：

1）在地面上，从吊车梁中心线向厂房中心线方向量出长度，得到平行线。

2）在平行线一端点上安置经纬仪，瞄准另一端点，固定照准部，抬高望远镜进行测量。

3）此时，另外一人在梁上移动横放的木尺，当视线正对水准尺上 1m 刻画线时，尺的零点应与梁面上的中心线重合。

吊车梁安装就位后，首先按柱面上定出的吊车梁设计标高线对吊车梁面进行调整，然后将水准仪安置在吊车梁上，每隔 3m 测一点高程，并与设计高程比较，误差应在 5mm 以内。

（3）吊车轨道安装测量

吊车安装前，采用平行线方法检测梁上吊车轨道中心线。轨道安装完毕后，应进行以下几项检查：

1）中心线检查。安置经纬仪于轨道中心线上，检查轨道面上的中心线是否都在一条直线上，误差不超过 3mm。

2）跨距检查。用检定后的钢尺悬空丈量轨道中心线间的距离，并加上尺长、温度及其他改正。它与设计跨距之差不超过 5mm。

3）轨道标高检查。用水准仪根据吊车梁上的水准点检查，在轨道接头处各测一点，允许误差为 ±1mm。中间每隔 6m 测一点，允许偏差 ±2mm，两根轨道相对标高允许偏差 ±10mm。

第六节　工厂总平面设计

工厂总平面设计是根据全厂的生产工艺流程、交通运输、卫生、防火、风向、地形和地质等条件确定建筑物构筑物的布局。合理地组织人流和货流，避免交叉和迂回。合理布置各种工程管线，进行厂区竖向设计，美化和绿化厂区等。建筑物布局时，应保证生产运输线最短，不迂回，不交叉干扰，并保证各建筑物的卫生和防火要求等。工厂的总平面设计反映了设计师对整个工厂布局的宏观把控，合理地总平面设计能够减少工程项目的成本，加快工厂建设的施工进度，对工厂今后的生产也有很大的帮助。

一、工厂厂址选择原则

工厂总平面的功能分区一般包括生产区和厂前区两大部分。生产区主要布置生产厂房、辅助建筑、动力建筑、原料堆场、备品及成品仓库、水塔和泵房等。厂前区主要布置行政办公楼等。各厂房在总平面的位置确定后，其平面设计会受总图布置的影响和约束，工厂总平面图在人流及物流组织、地形和风向等方面对厂房平面形式有直接影响。

1. 厂址选择必须符合工业布局和城市规划的要求，并按照国家有关法律、法规及建设前期工作的规定进行。

2. 配套的居住区、交通运输、动力公用设施、废料场及环境保护工程等用地，应与厂区用地同时选择。

3. 厂址选择应在对原料和燃料及辅助材料的来源、产品流向建设条件经济、社会、人文和环境保护等各种因素进行深入地调查研究，并进行多方案技术对比经济比较靠后的择优确定。

4. 厂址宜靠近原料、燃料基地或产品主要销售地，并有方便、经济的交通运输条件。

5. 厂址应有必需的水源和电源，用水、用电量特别大的工业企业，宜靠近水源和电源。

6. 散发有害物质的工业企业厂址，应位于城镇、相邻工业企业和居住区全年最小频率风向的上风侧，不应位于窝风地段。

7. 厂址的工程地质条件和水文地质条件要好。

8. 厂址应选择适宜的地形，应有必需的场地面积，还应适当留有发展的余地。

9. 厂址应有利于工厂同关系密切的其他单位之间的协作。

二、工业建筑的总平面设计的主要内容

1. 合理地进行用地范围内建筑物、构筑物及其他工程设施的平面布置，处理好相互间关系。

2. 结合场地状况，确定场地排水，计算土方工程量、建筑物和道路的标高，并合理地进行竖向布置。

3. 根据使用要求，合理选择交通运输方式，搞好道路路网布置，组织好厂区内的人流、货运流线。

4. 协调室内外及地上、地下管线敷设的管线综合布置。

5. 布置厂区绿化，做好环境保护，考虑处理"三废"和综合利用的场地位置。

6. 与工艺设计、交通运输设计和公用工程（水电气供应等）设计等相配合。

三、工业建筑总平面设计要点

1. 应在满足生产的需要和防火、安全、通风和日照等要求的同时，尽量节约用地，紧凑布置。

2. 建筑物的平面轮廓宜采用规整的形状，避免造成土地浪费和增加建造难度。

3. 充分利用厂区的边角、零星材料布置次要辅助建、构筑物和堆场等。有铁路运输的工厂，应合理选择线路接轨处，使铁路进场专用线与厂区形成的夹角控制在60° 左右，以减少扇形面积，提高土地利用率。

4. 尽量少占或不占耕地，充分利用荒地、坡地、劣地及河、湖海滩等区域。

5. 将分散的建筑物合并成联合厂房，可以节约用地、缩短运距和管线长度，减少投资。且有利于机械化、自动化，可以适应工艺的不断发展和变化。

四、总平面中生产厂房设计要点

厂区还可细分为厂前区、生产区和仓库区，有些厂还需设计生活区。各个部分的设计要点如下：

1. 厂前区一般安排产品销售、行政办公产品设计研究和质量检验及检测中心（或中心化验室），根据不同的需要将各个部分建筑集中或分散布置。

2. 生产区根据工艺流程来安排生产顺序，一般是"原材料检验→零配件粗加工→零配件细加工→装配→试车→产品检验→产品包装→入库"。应根据不同生产性质布置各种工序工种厂房，有的产品可集中在大厂房中，有的则需分散布置。

3. 仓库区一般分为三个部分：一是原料库，主要存放够生产一个周期的备用原材物

料；二是设备库，用于储备生产设备、备用件及需要及时更换的零配件，其储存量应能保证生产使用；三是成品库，用于及时存放已包装的待售产品。仓库的设置要结合生产流程，原料库放在工艺流程的上游，成品库放在下游，设备库可根据各工序和需要分散存放于各流程之中。仓库的设置还要根据运输条件，如大宗原材料及成品运输可能涉及铁路公路专用线，需建设相应的货台方便装卸。至于仓库容积的大小，可根据生产储备的需要量和现代物流行业的需求情况来确定，仓库的平面布置则需根据生产规模、原材料产地及运输条件诸多因素来确定。

4. 生活区一般分为两个部分：一是在厂内必须设置的更衣室、浴室和食堂，这个部分有的单独设置，也有的分散安排于车间，对生产性质不间断的某些小厂，也可设计在厂外。二是供职工生活的居住区，包括单身职工宿舍及家属住宅，特别是远离城市的工矿厂区更需要考虑。

随着经济快速发展，以往以功能为主的总平面设计已经不能满足现代工业建筑的发展要求。因此，在设计中除了要考虑留足建筑间距，保证房屋的日照通风条件外，还要考虑对环境的要求及良好地服务功能，例如应配备漫步、休憩晒太阳、遮阴、聊天等户外活动场所。特别是在厂前区和生活区，也与民用建筑一样要求进行绿化、美化，最终建设起无污染、环境优美的园林化的工厂。

五、建筑工业化

（一）工业4.0时代

1. 概述

工业 4.0 是德国政府提出的一个高科技战略计划。该项目由德国联邦教育局及研究部和联邦经济技术部联合资助，投资预计达2亿欧元。旨在提升制造业的智能化水平，建立具有适应性、资源效率及人因工程学的智慧工厂，在商业流程以及价值流程中整合客户及商业伙伴。其技术基础是网络实体系统及互联网。

德国所谓的工业四代（Industry4.0）是指利用物联信息系统（Cyber-Physical System，CPS）将生产中的供应、制造、销售信息数据化和智慧化，达到快速、有效、个人化的产品供应。工业 4.0 已经进入中德合作新时代，在中德双方签署的《中德合作行动纲要》中，有关工业 4.0 的合作内容共有 4 条。第一条就明确提出工业生产的数字化即“工业 4.0”对于未来中德经济发展具有重大意义。双方认为，两国政府应为企业参与该进程提供政策支持。

工业 1.0 是机械制造时代，工业 2.0 是电气化与自动化时代，工业 3.0 是电子信息化时代。“工业 4.0”描绘了一个通过人、设备与产品的实时联通与有效沟通，构建一个高度灵活的个性化和数字化的智能制造模式。

“工业 4.0”概念包含了由集中式控制向分散式增强型控制的基本模式转变，目标是建立一个高度灵活的个性化和数字化的产品与服务的生产模式。在这种模式中，传统的行业界限将消失，并会产生各种新的活动领域和合作形式。创造新价值的过程正在发生改变，产业链分工将被重组。

德国学术界和产业界认为，"工业 4.0"概念即以智能制造为主导的第四次工业革命或革命性的生产方法。该战略通过充分利用信息通信技术和网络空间虚拟系统以及信息物理系统（Cyber-Physical System）相结合的手段，将制造业向智能化转型。

2. 发展现状

工业自动化是德国得以启动工业 4.0 的重要前提之一，主要是在机械制造和电气工程领域。目前在德国和国际制造业中广泛采用"嵌入式系统"，正是将机械或电气部件完全嵌入受控器件内部，是一种特定应用设计的专用计算机系统。数据显示，这种"嵌入式系统"每年获得的市场效益高达 200 亿欧元，而这个数字到 2020 年已经提升至 400 亿欧元。

有专家预计，不断推广的工业 4.0 将为德国的西门子、ABB 等机械和电气设备生产商，以及菲尼克斯电气（Phoenix Contact）、浩亭（Harting）以及魏德米勒（Wei-dmuller）等中小企业带来大量订单。

德国联邦贸易与投资署专家 JeromeHull 表示，工业 4.0 是运用智能去创建更灵活的生产程序，支持制造业的创新以及更好地服务消费者，它代表着集中生产模式的转变。所谓的系统应用、智能生产工艺和工业制造，并不是简单的一种生产过程，而是产品和机器的沟通交流，产品来告诉机器该怎么做。生产智能化在未来是可行的，将工厂、产品和智能服务通联起来，将是全球在新的制造业时代一件非常正常的事情。

工业 4.0 涉及诸多不同企业、部门和领域，以不同速度发展的渐进性过程，跨行业、跨部门的协作成为必然。在汉诺威工业博览会上，由德国机械设备制造业联合会（VDMA）、德国电气和电子工业联合会（ZVEI）以及德国信息技术、通讯、新媒体协会（BIT-KOM）三个专业协会共同建立的工业 4.0 平台正式成立。

3. 标准制定

标准化的缺失实际上是德国工业 4.0 项目推行过程中所遭遇的另一个困难。设备不仅必须会说话，而且必须讲同一种语言，即通向数据终端的"接口"。

德国致力于成为这个标准的制定者和推广者。但德国官方并没有透露这些标准的相关内容。据悉，标准的制定工作正在紧锣密鼓地进行。近日，工业 4.0 平台发布了一个工业数据空间，访问者可以通过该空间获取世界上所有工业的信息。这个空间有着统一的"接口"标准，并且允许所有人对其进行访问。

探索标准化的还有他人。事实是，为了应对去工业化、将物联网和智能服务引入制造业的国家并不只德国一个。尽管提法不同，但内容却类似，如美国的"先进制造业国家战略计划"、日本的"科技工业联盟"和英国的"工业 2050 战略"等。而中国制造业顶层设计"中国制造 2025"已经在 2015 年上半年推出。

2014 年 11 月中德双方发表了《中德合作行动纲要：共塑创新》，宣布两国将开展工业 4.0 合作，该领域的合作有望成为中德未来产业合作的新方向。而借鉴德国工业 4.0 计划，是“中国制造 2025”的既定方略。

中国工业转型在中国转变经济增长模式的过程中扮演着重要角色。重新平衡经济发展，即减少以投资和出口为基础的增长，寻求更多地来自内需驱动的增长至关重要。为了实现这一目标，中国需要实现工业现代化。为了保持 GDP 在一个稳定的增长水平上，它需要从劳动密集型生产模式切换至高效地高科技生产模式。劳动力成本急剧上涨，并且在将来仍会继续扩大。中国将在不久的将来面临合格人才的短缺。从长期来看，只有那些进入高端制造业的企业才有机会留在市场里。这种由现代化所带来的压力将影响到中国几乎所有的行业，而工业自动化和新一代信息技术的集成是关键。

工业 4.0 可以为中国提供一种未来工业发展的模式，解决眼下所面临的一些挑战，如资源和能源效率、城市生产和人口变化等。

随着中国的加入，德国对工业 4.0 标准的制定或将加速。

（二）预制化数据中心

1. 概述

时至今日，传统数据中心的建设方式面临的挑战，已清晰地展现在从业者的面前。尤其是大型、超大型数据中心动辄数年的建设周期，早已无法满足用户业务的快速发展需求。无论是对于将数据中心还是成本中心作为业务重心用户而言，这一问题都已成为制约业务发展的瓶颈。同时，规划与现实的巨大落差已让数据中心业主无法承受。这类问题覆盖了从可用性、PUE，到温度场均衡、耗水量等，不一而足。一些极端的案例显示，规划预期约 1.6 的 PUE，在数据中心建成后甚至会高于 3.0。

这类问题的出现，很大程度上源于传统数据中心的规划理念与建设方式，通常这类设计方案至少需要在建设初期便照顾到终期业务量的需求。正是因为这一点，前期供电和制冷的过度配置几乎是无法避免的。

此外，传统数据中心对应的现场施工量巨大等因素，还会进一步导致设计与交付的质量存在差异等一系列问题。

正是这种需求与实践的差异，推动了新一代数据中心的建设。如今，业界对相关趋势的演进已经达成共识，即预制化数据中心将成为未来发展的趋势。

随着大数据时代的到来，面对爆发增长的业务与突发的云服务需求，数据中心作为信息处理的大脑，要适应业务的快速增长和弹性扩展。而传统数据中心以土建和现场施工作业为基础，存在建设周期长、质量不可控和无法灵活扩展等问题，俨然成为业务发展的瓶颈。预制化数据中心提出“预先设计、工厂生产、现场拼装”的数据中心建设新理念，通过预制化和标准化，很好地解决了上述问题。目前百度、腾讯、阿里巴巴、施耐德和艾默生等公司都在推进自己的预制化数据中心。

百度首个预制化集装箱数据中心在北京建成投产，标志着百度在大数据时代将预制模块化数据中心从概念变为现实，也预示着国内数据中心建设新模式和新方向。百度 M1 数据中心运维效率业界领先，剩余部分电量和冷量，以及新业务的快速发展急需在北京地区解决 2000 个机架位。由于机房楼不可扩展，在数据中心周边布置预制集装箱成为解决问题的首选。集装箱与 M1 数据中心混合方案实现 IT 设备与机房建筑及机电设备的解耦，将扩容工程变成了“按需部署、即装即用”的产品，并针对特殊场景做了诸多创新，开国内互联网公司预制集装箱数据中心应用的先河。

2. 预制化数据中心特点

预制化数据中心特点是产品化、快速交付、按需部署和更绿色。

（1）产品化

意味着数据中心建设不再以工程装修为主，取而代之的是以产品化的思维进行设计和需求定制，以及现代化的工厂进行产品质量管控。百度预制集装箱包含的制冷系统、配电系统、动环监控系统、消防系统、安防系统和 IT 系统等，从功能和物理两个维度打包成子模块，各子模块输出接口标准化，并通过工厂预制将这些模块进行优化组合和箱内拼装。组装的过程并不是简单地拼接和堆砌，更要考虑“生态平衡”，做到布放空间的平衡、性能和可靠性的平衡、外观协调性的平衡，打造了一个最优且稳定的数据中心生态系统。

（2）快速交付

产品化的设计极大的省去前期工程设计量，集装箱从项目下订单到交付使用仅仅需要两个月。产品化和接口标准化的箱体降低了现场安装要求，集装箱进场到完成部署就位仅花费 5 个小时，接驳工作历时 1 天，项目交付的高效使传统数据中心无可匹敌的。

（3）按需部署

传统数据中心建设的规模规划因无法预知未来业务需求的变化和投产后运行状态，建设略显盲从。预制集装箱则以需求为前提做预先设计，借助产品仿真测试精准预测运行状态，集装箱运输到现场，以“搭积木”方式进行搭建，数据中心真正实现按需求容量，进行精准投放，大大提升使用率和运营效率。

（4）更绿色

让数据中心更绿色一直是数据中心建设中追求的极致艺术。百度集装箱采用先进的保温及防冷桥措施，箱体完全封闭将冷量损失降到最低。采用市电直供加模块化 UPSECO 双路供电架构，系统效率提升至 99%。无冷凝水设计的列间空调就近布置，显著提升冷却效率。经过测试，集装箱 PUE 值降低到惊人的 1.05，达到业界同类产品的顶尖水准。除了布局效果和水电设备带来的效率增加外，提升计算能力，放置“高功率密度”服务器也成为效率提升的重要措施。据了解，百度集装箱为机电设备与 IT 并存的“一体箱”模式，箱体内部署的服务器超过1000台，单机柜功耗达20kW。同时支持百度专用的GPU服务器，在这种情况下的计算能力较传统提升数十倍。

3. 预制化数据中心优势

所谓预制化数据中心，从最直观的建设流程上看，是指数据中心的大部分建设工作在工厂完成，即部分基础设施按照实际物理摆放，在工厂预先做好生产安装，以集装箱的方式运输到现场。在出厂前进行方案联调，到现场后就位安装。这一建设方式，具有工程量小，安装简单，建设周期大幅缩短等优势。

同时，相对于传统数据中心，预制化数据中心更能适应特定项目的地理位置、气候技术规范、IT应用及商业目标，同时可充分利用模块设计和预制的高效性和经济性。具体来看，预制化数据中心包括了以下优势：

（1）部署速度优势

预制化数据中心可以节省近10个月的时间部署，希望加快数据中心部署速度的组织机构可以积极考虑这种模式。部署速度优势主要体现在如下方面：

1）对于有重复建设需求的客户，可以将数据中心设计标准化，从而节省新项目的设计时间。

2）将数据中心的基建工作和数据中心基础设施建设由过去的串行改为并行，从而缩短建设周期。

3）避免传统建设方式中因不同设备到货周期不同而造成工期延误的问题。

（2）可扩展性优势

由于预制化数据中心是以模块化的方式来进行设计和预制的，可扩展性便成了其先天的属性。这一优势可以让客户实现数据中心随需建设，降低数据中心建设一次性的资金投入，帮助客户提升资金利用率。

（3）可靠性

预制化数据中心践行的是将工程产品化的设计原则，减少现场安装的工程量，弱化工程施工质量问题对系统可靠性带来的影响。

（4）性能优势

由于预制化数据中心的所有系统是统一进行设计和配置的，这就产生了一种紧密集成的设备，使它能够满足可用性和效率的最高标准。同时，因为其在工厂可控的环境下进行组装，所以供应商在产品出厂前，可以更好地控制工艺的配合性、加工及质量，以支持更全面地预检验和最优化。

一部分将数据中心作为业务的用户，更为关注其最优投资成本。而另一部分将数据中心作为成本中心的用户，对其可用性的追求则似乎永无止境。显然，无论是何种需求类型，预制化数据中心相较传统数据中心的优势，都非常明显。

4. 预制数据中心展望

预制集装箱只是预制化数据中心的开始，百度等公司还推出了其他预制化产品，以适应差异化场景解决差别性问题，也进一步勾勒出未来数据中心发展的轨迹，期待着能早日一睹芳容。相信不远的未来，数据中心将全面走向预制化，可根据业务需求灵活重配。

第七节　单层工业建筑

目前，我国单层工业厂房约占工业建筑总量的 75%。单层厂房有利于沿地面水平方向组织生产工艺流程、布置大型设备，这些设备的荷载会直接传给地基，也有利于生产工艺的改革。

单层厂房按照跨数的多少又有单跨和多跨之分。多跨厂房在实际的生产生活中采用得较多，其面积最多可达数万平方米。但也有特殊要求的车间会采用很大的单跨厂房（36~100m），例如飞机库船坞等。

单层厂房有墙承重与骨架承重两种结构类型。只有当厂房的跨度、高度，吊车荷载较小时采用墙承重方案，当厂房的跨度、高度和吊车荷载较大时，多采用骨架承重结构体系。骨架承重结构体系由柱子、屋架或屋面大梁等承重构件组成，其结构体系可以分为刚架、排架及空间结构。其中以排架最为多见，因为其梁柱间为铰接，可以适应较大的吊车荷载。在骨架结构中，墙体一般不承重，只起围护或分隔空间的作用。我国单层厂房现多采用钢筋混凝土排架结构和钢排架。

骨架结构的厂房内部具有宽敞的空间，有利于生产工艺及其设备的布置及工段的划分，也有利于生产工艺的更新和改善。

一、排架结构

钢筋混凝土排架结构多采用预制装配的施工方法。排架主要由横向骨架、纵向联系杆以及支撑构件组成。横向骨架主要包括屋面大梁（或屋架）、柱子和柱基础。纵向构件包括屋面板、联系梁、吊车梁和基础梁等。此外，还有垂直和水平方向的支撑构件用于提高建筑的整体稳定性。

钢结构排架与预制装配式钢筋混凝土排架的组成基本相同。

二、轻型门式钢架结构

轻型门式刚架结构近年来在钢结构建筑中应用广泛，使用门式刚架作为主要承重结构，再配以零件、扣件和门窗等形成比较完善的建筑体系。它以等截面或变截面的焊接 H 型钢作为梁柱，以冷弯薄壁型钢作檩条、墙梁墙柱，以彩钢板作为屋面板及墙板，现场用螺栓或焊接拼接成的。

轻型门式钢架结构由工厂批量生产，在现场拼装形成，能有效地利用材料，其构件尺寸小、自重轻，抗震性能好，施工安装方便，建设周期短，能够形成大空间及大跨度。轻型门式刚架结构具有外表美观、适应性强、造价低和易维护等特点。

单层工业与民用房屋的钢结构中应用较多的为单跨、双跨或多跨的单双坡门式钢架，单跨钢架的跨度国内最大已达到 72m。

（1）结构形式

门式钢架分为单跨、双跨、多跨以及带挑檐的和带毗屋的钢架形式，其中多跨钢架宜采用双坡或者单坡屋盖，必要时也可采用由多个双坡单跨相连的多跨钢架形式。

单层门式钢架轻型房屋可采用隔热卷材做屋盖隔热和保温层，也可采用带隔热层的板材做屋面。

门式钢架的屋面坡度宜取 1/20~1/8，在雨水较多的地区宜取较大值。

（2）建筑尺寸

门式钢架的跨度，应取横向刚架柱轴线间的距离，宜为 9~36 m，以 3M 为模数。

门式钢架的高度，应取地面至柱轴线与斜梁轴线交点的高度，宜为 4.5~9 m，必要时可适当加大。

门式钢架的间距，即柱网轴线在纵向的距离，宜为 4.5~12 m。

（3）结构、平面布置

广式钢架结构的纵向温度区段长度不大于 300 m，横向温度区段长度不大于 150 m。

（4）墙梁布置

门式钢架结构的侧墙，在采用压型钢板作维护面时，墙梁宜布置在钢架柱的外侧。

外墙在抗震设防烈度不高于 6 度的情况下，可采用砌体。当为 7 度，8 度时，不宜采用嵌砌砌体。9 度时，宜采用与柱柔性连接的轻质墙板。

（5）支撑布置

柱间支撑的间距一般取 30~40 m，不能大于 60 m。房屋高度较大时，柱间支撑要分层设置。

三、单层厂房的平面设计

（一）生产工艺与厂房平面设计

厂房建筑的平面设计必须满足生产工艺的要求。生产工艺平面图设计主要包括下面五方面内容：

（1）根据生产的规模、性质、产品规格等确定生产工艺流程。

（2）选择和布置生产设备和起重运输设备。

（3）划分车间内部各生产工段及其所占面积。

（4）初步拟定厂房的跨数跨度和长度。

（5）提出生产工艺对建筑设计的要求，如采光、通风、防振、防尘防辐射等。

1. 按平面形式分类

单层厂房的平面形式主要有单跨矩形、多跨矩形、方形、L 形、E 形、H 形等几种。

矩形平面厂房在实际工程中选用最多，其平面形式较简单，利于抗震设计和施工。综合造价较低，且建筑具有良好的通风、采光、排气散热和除尘的功能，适用于中型以上的热加工厂房，如轧钢锻造、铸工等。在总平面布置时，宜将纵横跨之间的开口迎向当地夏季主导风向，或与夏季主导风向形成小于等于 45° 的夹角。

2. 按工艺流程分类

生产工艺流程一般以直线式、平行式和垂直式这三种为主。

①直线式：原料由厂房一端进入，成品或半成品由另一端运出，厂房多为矩形平面，可以是单跨或多跨平行布置。其特点是厂房内部各工段间联系紧密，但运输线路和工程管线较长。这种平面简单规整，适合对保温要求不高或工艺流程不会改变的厂房，如线材轧钢车间。

②平行式：原料从厂房的一端进入，产品由同一端运出，与之相适应的是多跨并列的矩形或方形平面。其特点是工段联系紧密，运输线路和工程管线短捷，形状规整，节约用地，外墙面积较小，有利于节约材料和保温隔热，适合于多种生产性质的厂房。

③垂直式：垂直式的特点是工艺流程紧凑，运输线路及工程管线较短，相适应的平面形式是 L 形平面，会出现垂直跨度。

（二）单层厂房的柱网选择

在骨架结构的厂房中，柱子是主要的竖向承重构件，其在平面中排列所形成的网格称为柱网。柱子纵向定位轴线之间的距离称为跨度，横向定位轴线之间的距离称为柱距。柱网的设计就是根据生产工艺要求等因素确定跨度及柱距。

柱网的选择除满足基本的生产工艺流程需求外，还需满足以下设计要求：

1. 满足生产工艺设备的要求。

2. 严格遵守相关规定。

3. 应调整和统一柱网。

4. 尽量选用扩大柱网。

《厂房建筑模数协调标准》要求厂房建筑的平面和竖向的基本协调模数应取扩大模数 3M（备注：M=100 mm）。当建筑跨度不大于 18 m 时，应采用扩大模数 30M 的尺寸系列，即取 9m、12m、15m 和 18m。当跨度大于 18 m 时，取扩大模数 60M，模数递增，即取 24m、30m 和 36m。柱距应采用扩大模数 60M，即 6m、12m。

与民用建筑相同的是，适当扩大柱网可以提高工业建筑面积的利用率；有利于大型设备的布置及产品的运输；有利于提高工业建筑的通用性，适应生产工艺的变更及设备的更新；有利于扩大吊车的服务范围；有利于减少建筑结构构件的数量，加快建设进度，提高效率。

四、单层厂房的剖面设计

单层厂房的剖面设计主要是指横剖面设计。其合理与否，会直接影响到厂房的使用及经济性。因此，生产工艺的要求、结构形式的选择、采光通风以及屋面的排水设计都对剖面的设计产生重大影响。

（一）生产工艺与厂房剖面设计

1. 设计要点

厂房的剖面设计同样受生产工艺的限制，生产设备、运输工具、原材料码放和产品尺度等对建筑高度、采光形式通风、排水的要求，都是设计时需要考虑的。这些要求包括：

①满足生产工艺的需求；

②设计参数符合相关规定；

③满足生产工艺及设备的采光、通风排水、保温和隔热要求；

④尽量选用合理经济、易于施工的构造形式。

2. 厂房内部的高度

厂房的高度是指室内地坪标高到屋顶承重结构下表面的距离。若屋顶为坡屋顶，则厂房的高度是由地坪标高到屋顶承重结构的最低点的垂直距离。因此，厂房的高度一般以柱顶标高来代表。

柱顶标高的确定一般分为两种：

①无吊车作业的工业建筑中，柱顶标高的设计是按最大生产设备高度安装及检修要求的净空高度等来确定的，设计应符合相关要求，同时设计还需符合扩大模数 3M 模数的规定，且一般不得低于 3.9 m。

②有吊车作业车间的柱顶标高的确定，可套用以下公式计算获得：

$H=H_1+h_6+h_7$

式中

H——柱顶标高，m，必须符合 3M 的模数；

H_1——吊车轨顶标高，m，一般由工艺要求提出；

h_6——吊车轨顶至小车顶面的高度，m，根据吊车资料查出；

h_7——小车顶面到屋架下弦底面之间的安全净空尺寸，mm。按国家标准及根据吊车起重量可取 300mm，400mm 或 500mm。

五、厂房剖面设计中的采光、通风及排水

（一）采光

天然采光是利用日光或天光提供的优质采光条件，在厂房的设计中应充分利用天

然采光。我国相关规定，在采光设计中，天然采光标准以采光系数为指标。采光系数是室内某一点直接或间接接受天空漫射光所形成的照度与同一时间不受遮挡的该半球天空在室外水平面上产生的天空漫射光照度之比。这样以来，不管室外照度如何变化，室内某一点的采光系数是不变的。采光系数是无量纲量，用符号 C 表示。照度是衡量（工作）水平面上，单位面积接收到的光能多少的指标。照度的单位是 lx，称作勒克斯。

厂房建筑的天然采光方式主要有侧面采光、顶部采光（天窗）和混合采光（侧窗 + 天窗）。

1. 侧面采光

侧面采光又分为单侧采光和双侧采光。单侧采光的有效进深约为侧窗口上沿至地面高度的 1.5~2.0 倍，那么单侧采光房间的进深一般以不超过窗高的 1.5~2.0 倍为宜。如果厂房的宽高比很大，超过了单侧采光所能解决的范围，就要用双侧采光或辅以人工照明。

在有吊车的厂房中，常将侧窗分上下两层布置，上层称为高侧窗，下层称为低侧窗。为不使吊车梁遮挡光线，高侧窗下沿距吊车梁顶面应有适当距离，一般取 600mm 左右。低侧窗下沿（即窗台高）一般应略高于工作面的高度，工作面高度一般取 800mm 左右。沿侧墙纵向工作面上的光线分布情况和窗及窗间墙分布有关，窗间墙宜等于或小于窗宽为宜。如沿墙工作面上要求光线均匀，可减少窗间墙的宽度或取消窗间墙做成带形窗。

2. 顶部采光

顶部采光的形式包括矩形天窗、锯齿形天窗和平面天窗等。

①矩形天窗。矩形天窗的应用相对较为广泛，一般南北朝向，室内光线均匀，直射光较少，不易产生眩光。由于采光面是垂直的，有利于防水和通风。为了获得良好的采光效果，合适的天窗宽度为厂房跨度的 1/2-1/3，两天窗的边缘距离 L 应大于相邻天窗高度和的 1.5 倍。

②锯齿形天窗。某些生产工艺对厂房有特殊要求，如纺织厂为了使纱线不易断头，厂房内要保持一定的温度和湿度。印染车间要求工作光线均匀、稳定，无直射光进入室内产生眩光等。这一类厂房常采用窗口向北的锯齿形天窗，以充分利用天空的漫射光。

锯齿形天窗厂房既能得到从天窗透入的光线，也能获得屋顶表面的反射光，可比矩形天窗节约窗户面积 30% 左右。由于其玻璃面积小而且朝北，在炎热地区对防止室内过热也有一定作用。

③横向天窗。当厂房受用地条件的限制东西向布置时，为防止日晒，可采用横向天窗。这种天窗适合于跨度较大、厂房高度较高的车间和散热量不大、采光要求高的车间。横向天窗有两种：一种是突出于屋面，一种是下沉于屋面，即所谓横向下沉式天窗。这种天窗具有造价较低，采光面大、效率高和光线均匀等优点；其缺点是窗扇形状不标准、构造复杂和厂房纵向刚度较差。

一般采光口面积的确定，是根据厂房的采光通风、立面处理等综合要求，先大致确定开窗的形式、面积及位置，然后根据厂房的采光要求校验其是否符合采光标准值。采光计算的方法很多，最简单的方法是通过相关规定给出的窗地面积比的方法进行计算。窗地面积比是指窗洞口面积与室内地面面积的比值，利用窗地面积比可以简单地估算出采光口的面积。

（二）通风

厂房的通风一般分为机械通风和自然通风两种形式。

机械通风主要依靠通风机，通风稳定可靠但耗费电能较大，设备的投资及维护费用也较高，适用于通风要求较高的厂房。

自然通风是利用自然风来实现厂房内部的通风换气，既简单又经济，但易受外界气象条件影响，通风效果不够稳定。因此，为通风条件要求不高的厂房所采用，再辅之以少部分的机械通风。

为了更好地组织自然通风，在设计时要注意选择厂房的剖面形式，合理布置车间的进、出风口位置，自然通风的设计原则如下：

1. 合理选择建筑朝向。应使厂房长轴垂直于当地夏季主导风向，从而减少建筑物的太阳辐射和组织自然通风的综合角度来说，厂房布置在南北朝向是最合理的。

2. 合理布置建筑群。建筑群的平面布置有行列式、错列式、斜列式、周边式和自由式等。从自然通风的角度考虑，行列式和自由式均能争取到较好的朝向，自然通风效果良好。

3. 厂房开口与自然通风。为了获得舒适的通风，进风口开口的高度应低些，使气流能够作用到人身上，而高窗和天窗可以使顶部热空气更快散出。室内的平均气流速度只取决于较小的开口尺寸，通常取进出风口面积相等为宜。

4. 导风设计。中轴旋转窗扇、水平挑檐、挡风板、百叶板、外遮阳板及绿化均可一起到挡风、导风的作用，可以用来组织室内通风。

（三）排水

厂房屋顶的排水与民用建筑的设计相同，根据地区气候状况、工艺流程、厂房的剖面形式以及技术经济等综合设计排水方式。排水方式分为无组织排水和有组织排水两种。

无组织排水常用于降雨量小的地区，适用于屋顶坡长较小、高度较低的厂房。

六、单层厂房的定位轴线

单层厂房的定位轴线是确定厂房建筑主要承重构件的平面位置及其标志尺寸的基准线，同时也是工业建筑施工放线和设备安装的最主要定位依据。厂房定位轴线的确定必须遵照我国相关规定。

一般情况下，将短轴方向的定位轴线称为横向定位轴线，相邻两条横向定位轴线之间的距离为厂房的柱距。厂房长轴方向的定位轴线称为纵向定位轴线，相邻两条纵向定位轴线间的距离为该跨的跨度。

（一）横向定位轴线

横向定位轴线主要用来标注厂房的纵向构件，如吊车梁、联系梁、基础梁、屋面板、墙板和纵向支撑等。确定横向定位轴线应主要考虑工艺的可行性、结构的合理性和构造的简单易操作。

1. 柱与横向定位轴线

除两端的边柱外，中间柱的截面中心线与横向定位轴线重合，而且屋架中心线也与横向定位轴线重合。纵向的结构构件，如屋面板、吊车梁和联系梁的标志长度，皆以横向定位轴线为界。

在横向伸缩缝处一般采用双柱处理。为保证缝宽的要求，应设两条定位轴线，缝两侧柱截面中心均应自定位轴线向两侧内移 600 mm。两条定位轴线之间的距离称为插入距，此处的插入距等于变形缝的宽度。

2. 山墙与横向定位轴线

①当山墙为非承重墙时，山墙内缘与横向定位轴线重合，端部柱截面中心线应自横向定位轴线内移 600 mm，这是因为山墙内侧设有抗风柱。抗风柱上应符合屋架上弦连接的构造需要（有些刚架结构厂房的山墙抗风柱直接与刚架下面连接，端柱不内移）。

②当山墙为承重山墙时，承重山墙内缘与横向定位轴线的距离应按砌体的块材类别，分别取半块（或半块的倍数），或墙厚的 50%，以保证构件在墙体上有足够的支承长度，同时也兼顾到了各地因地制宜灵活选择墙体材料的可能性。

（2）纵向定位轴线

单层厂房的纵向定位轴线主要用来标注厂房的屋架或屋面梁等横向构件长度的标志尺寸。纵向定位轴线应使厂房结构和吊车的规格协调，保证吊车与柱之间留有足够的安全距离。纵向定位轴线的确定原则是结构合理、构件规格少和构造简单。在有吊车的情况下，还应保证吊车的运行及检修的安全需要。

外墙、边柱的定位轴线

在支承式梁式或桥式吊车厂房设计中，由于屋架和吊车的设计制作都是标准化的，建筑设计应满足：

$L=L_K+2e$

式中：

L——屋架跨度，即纵向定位轴线之间的距离；

L_K——吊车跨度，也就是吊车的轮距，可查吊车规格资料；

e——纵向定位轴线至吊车轨道中心线的距离，一般为 750 mm，当吊车为重机工作制需要设安全走道板或吊车起重量大于 50t 时，可采用 1000mm。

第八节　多层工业建筑

多层厂房在机械、电子、电器、仪表、光学、轻工、纺织、仓储等轻工业行业中具有重要的作用。在信息时代，随着工业自动化程度的提高及计算机的高度普及，从节省用地的角度出发，多层工业厂房在整个工业建筑的比重越来越大。

一、多层厂房的特点

（1）生产在不同楼层进行，各层之间除了需要组织好水平联系外，还需要解决竖向层之间的生产关系。

（2）厂房的占地少，降低了基础的工程量，厂区道路、管线、围墙等的长度。

（3）屋顶面积较小，一般不需要开设天窗，因此屋顶构造相对简单，且有利于保温和隔热的处理。

（4）厂房结构一般为梁板柱承重，柱网尺寸较小，生产工艺的灵活性受到一定约束。同时，对较大的荷载、设备及其引起的振动的适应性较差，需要进行特殊的结构处理。

二、适用范围

（1）生产工艺上需要进行垂直运输的，如面粉厂、造纸厂、啤酒厂、乳制品厂以及化工厂的某些生产车间。

（2）生产上要求在不同标高上进行操作的，如化工厂的大型蒸馏塔、碳化塔等。

（3）生产过程中对生产环境有一定要求的，如仪表厂、电子厂、医药及食品企业等。

（4）工艺上虽无特殊要求，但设备及产品质量较差的。

（5）工艺上无特殊要求，但建设用地紧张的新建或改扩建的厂房。

三、结构分类

多层厂房按照所用材料的不同分为混合结构、钢筋混凝土结构和钢结构。多层厂房的结构选型既要满足生产工艺的要求，还要考虑建造材料、当地的施工安装条件、构配件的生产能力以及场地的自然条件等。

（1）混合结构的取材及施工都比较方便，保温隔热性能较好，且经济适用，可满足楼板跨度在 4~6 m，层数在 4~5 层，层高为 5.4~6.0 m，楼面荷载较小且无振动的厂房要求。但当场地自然条件较差，有不均匀沉降时，应慎重选用。此外，地震多发区亦不宜选用。

（2）钢筋混凝土结构是我国目前采用最为广泛的一种形式，其剖面较小、强度大、能够适应层数较多、荷载较大、跨度较大的需要。除此之外，多层厂房还可采用门式钢架组成的框架结构等。

（3）钢结构具有质量轻、强度高、施工速度快（一般认为可提高速度 1 倍左右）等优点，目前的主要趋势是采用轻钢结构和高强度钢材，可比普通钢结构节省钢材 15%~20%，造价降低 15%，减少用工 20% 左右。

四、多层厂房的平面设计

1. 工艺流程的类型

生产工艺流程的布置是厂房平面设计的主要依据。按照生产工艺流程的不同，多层厂房的生产工艺流程的布置可归纳为自上而下式、自下而上式、上下往复式三种类型。

（1）自上而下式

自上而下式的特点是把原料先送至最高层后，按照生产工艺流程自上而下地逐步进行加工，最后的成品由底层输出。自上而下时可利用原料的自重使其下降以减少垂直运输设备，一些进行粒状或粉状材料加工的工厂常采用，如面粉加工厂、电池干法密闭调粉楼。

（2）自下而上式

采用自下而上式，原料自底层按照生产流程逐层向上输送并被加工，最后在顶层加工成为成品，适用于手表厂、照相机厂或一些精密仪表厂等轻工业厂房。

（3）上下往复式

上下往复式是一种混合布置的方式，它能适应不同的情况要求，应用范围较广，如印刷厂。

2. 平面设计的原则

应根据生产工艺流程、工段的组合、交通运输采光通风及生产上的各类要求，经过综合探讨后决定其平面布置。由于各工段间生产性质、环境要求不同，组合时应将具有共性的工段作水平和垂直的集中分区布置。

多层厂房的平面布置形式一般有内廊式、统间式、大宽度式、混合式、套间式几种。

（1）内廊式

特点是两侧布置生产车间和办公、服务房间，中间为走廊。这种布置形式适用于各个工段面积不大，生产上既需要紧密联系，又不互相干扰的工段。使其各工段可按照工艺流程布置在各自的房间内，再用内廊联系起来。

（2）统间式

统间式中间只有承重柱，不设隔墙。这种布置形式对自动化流水线的操作较为有利。

（3）大宽度式

为了平面的布置更经济合理，可加大厂房宽度，形成大宽度式的平面形式。其垂直交通可根据生产需要，设置于中间或周边部位。

（4）混合式

混合式由内廊式与统间式混合布置而成，根据生产工艺的需要可采用同层混合或者分层混合的形式。它的优点是能够满足不同生产工艺流程的要求，灵活性较大。缺点是施工比较麻烦，结构类型较难统一，容易造成平面及剖面形式的复杂化，且对防震不利。

（5）套间式

通过一个房间进入另一个房间的布置形式称为套间式，这是为了满足生产工艺的要求，或为了保证高精度生产的正常进行而采用的组合形式。

第九节　现代工业建筑发展趋势

随着社会发展和物质水平的提高，在满足工艺要求的基础上，工业建筑的设计更加重视以人为本的理念。目前，我国的工业建筑设计也在这样的发展大潮流下越来越淡化了与民用建筑之间的界线，工业建筑也有了更多地公共建筑的特性。

一、工业建筑向高强、轻质、巨大发展

高强是指材料强度高。随着技术的发展，建筑中已经出现强度越来越高的材料，如高强混凝土。轻质是指材料的质量小，在建筑中可减少建筑的自重。巨大是指厂房的空间巨大，如工业建筑中钢架结构和排架结构等能够提供大空间和大跨度，方便大型机械的进出、安装及拆卸。巨大的空间结构也能节约土地资源，它避免运输道路占用过多的土地，将节省出来的土地改用于种植树木增加绿化带，美化环境。此外，利用材质较轻的骨架也可减少建筑自重，钢制的排架结构能承受较大的屋面荷载作用。在技术不断更迭的时代，工业生产升级为自动化和机械化，运输工具也不断更新，工业厂房所承担的荷载也在不断降低，因此，轻质的钢架结构和排架结构越来越受到重视，逐步替代了笨重的钢筋混凝土结构。预制的构件能够快速地完成安装和拆卸，方便施工，加快了施工速度，使工期的要求也不再紧张，且因其安拆方便，有利于工业厂房的改建和扩建。

二、标准模块化发展趋势

模块化是现代建筑工业化常用的方式，即利用标准的柱网设计成标准单元模块。这是在工业化生产和机械化生产施工中应运而生的一种设计方式，对厂房的扩建有很好的适应性，还能减少装配构件的类型。

三、可持续发展

可持续发展是指加强对自然资源的利用，减少投资，并进行节能管理。由于工业建筑具有空间大、投资大、使用期限长的特点，所以对可持续发展有较高的要求，在其平面布置和局部装修设计等方面都要考虑。此外，工业建筑也要考虑与人及人的生活环境紧密结合，做到满足工业生产要求的同时也要符合现代人的生活方式，例如合理地通风设计可减少空调的消耗。

四、强调文化性

工业建筑虽与一般民用建筑有所区别，但它们都需要塑造一个与环境交融的形象和满足一定的需求。基于此，在设计时不但要与时俱进，还要因地制宜，从而创造出既新颖而又具有文化底蕴的建筑，体现文化艺术气息。

工业生产技术发展迅速，生产体制变革和产品更新换代频繁，厂房在向大型化和微型化两极发展的同时，还要普遍要求在使用上具有更大的灵活性，以利发展和扩建，并便于运输机具的设置和改装。工业建筑设计的趋向是：

（1）适应建筑工业化的要求。扩大柱网尺寸，平面参数、剖面层高尽量统一，楼面、地面荷载的适应范围扩大，厂房的结构形式和墙体材料向高强、轻型和配套化发展。

（2）适应产品运输的机械化、自动化要求。为提高产品和零部件运输的机械化和自动化程度，提高运输设备的利用率，应尽可能将运输荷载直接放到地面，以简化厂房结构。

（3）适应产品向高、精、尖方向发展的要求，要对厂房的工作条件提出更高要求。如采用全空调的无窗厂房（也称密闭厂房），或利用地下温湿条件相对稳定、防震性能好的地下厂房。当前，地下厂房现已成为工业建筑设计中的一个新领域。

（4）适应生产向专业化发展的要求。不少国家采用工业小区（或称工业园地）的做法，或集中一个行业的各类工厂，或集中若干行业的工厂，在小区总体规划的要求下进行设计，小区面积由几十公顷到几百公顷不等。

（5）适应生产规模不断扩大的要求。因用地紧张，因而多层工业厂房日渐增加，除独立的厂家外，多家工厂共用一幢厂房的工业大厦也已出现。

（6）提高环境质量。

第六章 绿色建筑的设计

第一节 绿色建筑设计理念

随着时代和科学技术的迅猛发展，全球践行低碳环保理念，其目的是共同维护生态环境。我国自中共十八届五中全会就已将绿色发展的理念提升至政治高度，为我国建筑设计市场指引着发展的方向。建筑行业作为国民经济的重要支柱行业，将绿色理念融入到建筑设计中能够从根本上影响人们的生活方式，以达到人与自然环境和谐相处。综上可知，在建筑设计中运用绿色建筑设计理念具有非常重要的意义。本节主要对建筑设计中绿色建筑设计理念的运用进行分析，阐述绿色建筑在实际设计中的具体应用。

绿色建筑设计是针对当今环境形势，所提倡的一种新型的设计理念，提倡可持续发展和节能环保，以达到保护环境和节约资源的目的，也是当今建筑行业发展的重要趋势。在建筑设计中，建筑师须结合人们对环境质量的需求，考虑建筑的全生命周期设计，从而实现人文、建筑以及科学技术的和谐统一发展。

一、绿色建筑设计理念

绿色建筑设计理念的兴起源人们环保意识的不断增强，在绿色建筑设计理念的运用中主要体现在以下三个方面：

①建筑材料的选择。相对于传统建筑设计理念，绿色建筑设计首先从材料的选择上，采用节能环保材料，这些建筑材料在生产、运输及使用工程中都是环境友好的材料。②节能技术的使用。在建筑设计中节能技术主要运用在通风、采光及采暖等方面；在通风系统中引入智能风量控制系统以减少送风的总能源消耗；在采光系统中运用光感控制技术，自动调节室内亮度，减少照明能耗；在采暖系统中引入智能化控制系统，使建筑内部的温度智能调节。③施工技术的应用。绿色设计理念的运用能够提高了工厂预制率，减少了湿作业，提高了工作效率的同时，也提高了项目的完成度。

二、绿色建筑设计理念的实际运用

平面布局的合理性。在建筑方案设计过程中，应该首先考虑建筑的平面布局的合理性，这对使用者体验造成直接影响，在住宅平面布局中比较重要的是采光，故而在建筑设计中合理规划布局考虑采光，以此可以增强建筑对自然光的利用率，减少室内照明灯具的应用，降低电力能源损失消耗。同时通过阳光照射可以起到杀菌和防潮的功效。在进行平面布局时应该遵循以下几项原则：①设计当中严格把握控制建筑的体形系数，分析建筑散热面积与体形系数之间的关系，在符合相关标准要求的基础上尽量增大建筑采光面积。②在进行建筑朝向设计时，考虑朝向的主导作用，使得建筑是室内接受更多地自然光照射，并避免太阳光直线照射。

门窗节能设计。在建筑工程中门窗是节能的重点，是采光和通风的重要介质，在具体的设计中需要与实际情况相结合对门窗进行科学合理地设计，同时还要做好保温性能设计，合理选用门窗材料，严格控制门窗面积，以此减少热能损失。另外在进行门窗设计时需要结合所处地区的四季变化情况与暖通空调相互融合，以此减少能源消耗。

墙体节能设计。在建筑行业迅猛发展的背景下，各种新型墙体材料类型层出不穷，在进行墙体选择当中需要在满足建筑节能设计指标要求的原则下对墙体材料进行合理选用。首先针对加气混凝土材料等多孔材料的物理性质，他们具有更好地热惰性能，因此，可以用来增强墙体隔热效果，减少建筑热能不断向外扩散，以达到节约能源、降低能耗的目的。其次在进行墙体设计时，可以铺设隔热板来增强墙体隔热保温性能，实现节能减排的目的。目前隔热板的种类和规格比较多，通过合理的设计，隔热板的使用可以强化外墙结构的美观度，提高建筑的整体观赏价值，进而满足人们的生活和城市建设的需求。

单体外立面设计。单体外立面是建筑设计中的重点，同时立面设计也是绿色建筑设计的重要环节，在开展该项工作时要与所处区域的天气气候特征相结合选用适合的立面形式和施工材料。由于我国南北气候差异较大，所以在进行建筑单体外立面设计中要对南北方区域的天气气候特征、热工设计分区、节能设计要求进行具体分析，科学合理地规划。大体而言，对于北方建筑单体立面设计，要严格控制建筑物体形系数、窗墙比等规定性指标，同时因为北方地区冬季温度很低，这就需要考虑保证室内保温效果，在进行外墙和外窗设计时务必加强保温隔热处理，减少热力能源损失，保障建筑室内空间的舒适度。对于南方建筑单体立面设计，因为夏季温度很高，故而需要科学合理的规划通风结构，应用自然风大大降低室内空调系统的使用效率，降低能耗。此外，在进行单体外墙面设计时要尽量通过选用装修材料的颜色等，以此来提升建筑美观度，削弱外墙的热传导作用，达到节约减排的目的。

要注重选择各种环保的建筑材料。在我国，绿色建筑设计理念与可持续发展战略相一致，所以在建筑设计的时候要充分利用各种各样的环保建筑材料，以此实现材料的循环利用，进而降低能源能耗，达到节约资源的目的。在全国范围内响应绿色建筑设计及可持续发展号召下，建材市场上新型环保材料如雨后春笋般迅猛发展，这给建筑师提供了更多可选的节能环保材料。作为一名建筑设计师，要时刻把遵循绿色设计原则、达到绿色环保的目标、实现绿色可持续发展为己任，以此持续为我国输出可持续发展的绿色建筑。

充分利用太阳能。太阳能是一种无污染的绿色能源，是地球上取之不尽用之不竭的能源来源，所以在进行建筑设计时首要考虑的便是有效地利用太阳能替代其他传统能源，这可以大大降低其他有限的资源消耗。鼓励设计利用太阳能，是我国政府及规划部门对节约能源的一大倡导。太阳能技术是将太阳能量转换成热水、电力等形式供生产生活使用。建筑物可利用太阳的光和热能，在屋顶设置光伏板组件，产生直流电，亦或是利用太阳热能加热产生热水。除此之外，设计人员应该与被动采暖设计原理相结合，充分利用寒冷冬季太阳辐射和直射能量，并通过遮阳建筑设计方式减少夏季太阳光的直线照射，从而减少建筑室内空间的各种能源消耗。例如设置较大的南向窗户或使用能吸收及缓慢释放太阳热力的建筑材料。

构建水资源循环利用系统。水资源作为人类生存和发展的重要能源，要想实现可持续发展，有效践行绿色建筑理念，就必须实现水资源的节约与循环利用。其中对于水资源的循环利用，在建筑设计中，设计人员需要在确保生活用水质量的基础上，构建一系列的水资源循环利用系统，做好生活污水的处理工作，即借助相关系统把生活生产污水进行处理以后，使其满足相关标准，继而可使用到冲厕、绿化灌溉等方面，从而在极大程度上提高水资源的二次利用率。此外，在规划利用生态景观中的水资源时，设计人员应严格依据整体性原则、循环利用原则、可持续原则，将防止水资源污染和节约水资源当作目标，并从城市设计角度做好海绵城市规划设计，做好雨水收集工作，借助相应系统来处理收集到的雨水，然后用作生态景观用水，从而形成一个良好的生态循环系统。加之，在建筑装修设计中，应选用节水型的供水设备，不宜选用消耗大的设施，一定情况下可大量运用直饮水系统，从而确保优质水的供应，达到节约水资源的目的。

综上所述，在我国绿色建筑理念的倡导下，绿色建筑设计概念已成为建筑设计的基础。市场上从建筑材料到建筑设备都在不断地体现着绿色可持续的设计理念，支持着绿色建筑的发展，这一系列的举措都在促使着我国建筑行业朝着绿色、可持续的方向不断前进。

第二节　我国绿色建筑设计的特点

我国属于人均资源短缺的国家,根据中国建材网统计数据表明,当前80%的新房建设都是高耗能建筑。所以,当前我国建筑能耗已经成了国民经济的严重负担。如何让资源变得可持续利用是当前亟待解决的一个问题。伴随社会发展,人类所面临的情形越来越严峻,人口基数越来越大,资源严重被消耗,生态环境越来越恶劣。面对如此严峻的形势,实现城市建筑的绿色节能化的转变越来越重要。建筑行业随着经济社会的进步和发展也在不断加快进程。环境污染的问题越来越严重,国家也出台了相关的政策措施。在这样的发展状况下,建筑领域对于实现可持续发展,维持生态平衡更加关注,要保证经济建设符合绿色的基本要求。因此,对于绿色建筑理念应该进行合理地运用。

一、绿色建筑概念界定

绿色建筑定义。绿色建筑指的是"在建筑的全寿命周期内,最大限度地节约资源、保护环境和减少污染,为人们提供健康、适宜和高效的使用空间,与自然和谐共生的建筑"。当前,我国已经成为世界第一大能源消耗国,因此,发展绿色建筑对于我国来说有着非常重要的意义。目前,国内节能建筑能耗水平基本上与1995年的德国水平相差无几,我国在低能耗建筑标准规范上尚未完善,国内绿色建筑设计水平还处于比较低的水平。另外,不管是施工工艺水平,还是产后材料性能,都与发达国家相比存在较大差距。同时,低能耗建筑与绿色建筑的需求没有明确的规定标准,导致部件质量难以保证。

伴随着绿色建筑的社会关注度不断提升,可预见,在不久将来绿色建筑必将成为常态建筑。按照住房和城乡建设部给出的绿色建筑定义,可以理解绿色建筑一定要体现在建筑全寿命周期内的所有时段,包括建筑规划设计、材料生产加工、材料运输和保存、建筑施工安装、建筑运营、建筑荒废处理与利用,每一环节都需要满足资源节约的原则。同时绿色建筑必须是环境友好型建筑,不仅要考虑到居住者的健康问题和使用需求,还必须和自然和谐相处。

绿色建筑设计原则。建筑最终目的是以人为本,希望能够通过工程建设来提供人们起居和办公的生活空间,让人们各项需求能够被有效满足。和普通建筑相比,其最终目的并没有得到改变,只是立足在原有功能的基础上,提出要注重资源的使用效率,要在建筑建设和使用过程中做到物尽其用,维护生态平衡,因地制宜地搞好房屋建设。

健康舒适原则。绿色建筑的首要原则就是健康舒适,要充分体现出建筑设计的人性化,从本质上表现出对于使用者的关心,通过使用者需求作为引导来进行房屋建筑设计，让人们可以拥有健康舒适的生活环境与工作环境。其具体表现在建材无公害、通风调节优良、采光充足等方面。

简单高效原则。绿色建筑必须要充分考虑到经济效益，保证能源和资源的最低消耗率。绿色建筑在设计过程中，要秉持简单节约原则，比如说在进行门窗位置设计的过程中，必须要尽可能满足各类室内布置的要求，最大限度避免室内布置出现过大改动。同时在选取能源的过程中，还应该充分利用当地气候条件和自然资源，资源选取上尽量选择可再生资源。

整体优化原则。建筑作为区域环境的重要组成部分，其置身于区域之中，必须要同周围环境和谐统一，绿色建筑设计的最终目标为环境效益达到最佳。建筑设计的重点在于对建筑和周围生态平衡的规划，让建筑可以遵循社会与自然环境统一的原则，优化配置各项因素，从而实现整体优化的效果。

二、绿色建筑的设计特点和发展趋势探析

绿色建筑设计特点分析

节地设计。作为开放体系，建筑必须要因地制宜，充分利用当地自然采光，从而降低能源消耗与环境污染程度。绿色建筑在设计过程中一定要充分收集、分析当地居民资源，并根据当地居民生活习惯来设计建筑项目和周围环境的良好空间布局，以此让人们拥有一个舒适、健康和安全的生活环境。

节能节材设计。倡导绿色建筑，在建材行业中加以落实，同时积极推进建筑生产和建材产品的绿色化进程。设计师在进行施工设计的过程中，需要最大限度地保证建筑造型要素简约，避免装饰性构件过多；建筑室内所使用的隔断要保证灵活性，可以降低重新装修过程中材料浪费和垃圾出现；并且尽量采取能耗低和影响环境程度较小的建筑结构体系；应用建筑结构材料的时候要尽量选取高性能绿色建筑材料。当前，我国通过工业残渣制作出来的高性能水泥与通过废橡胶制作出来的橡胶混凝土均为新型绿色建筑材料，因此设计师在设计的过程中应少量选取，应用这些新型材料。

水资源节约设计。绿色建筑进行水资源节约设计的时候，首先，大力提倡节水型器具的采用；其次，在适宜范围内利用技术经济的对比，科学地收集利用雨水和污水，进行循环利用。最后，还要注意在绿色建筑中应用中水和下水处理系统，由此用经过处理的中水和下水来冲洗道路汽车，或者作为景观绿化用水。而且根据我国当前绿色建筑评价标准，商场建筑和办公楼建筑非传统水资源利用率应该超过 20%，而旅馆类建筑应该超过 15%。

绿色建筑设计趋势探析。绿色建筑在发展过程中不应局限于个体建筑之上，相关设计师应从大局角度出发，立足城市整体规划基础上来进行统筹安排。绿色建筑实属于系统性工程，其中会涉及很多领域，例如污水处理问题，这不只是建筑专业范围需要

考虑的问题，还必须依靠与相关专业的配合来实现污水处理问题的解决。针对设计目标来说，绿色建筑在符合功能需求和空间需求的基础上，还需要强调资源利用率的提升和污染程度的降低。设计师在设计过程中还需要秉持绿色建筑的基本原则：尊重自然，强调建筑与自然的和谐。此外，还要注重对当地生态环境的保护，增强对自然环境的保护意识，让人们行为和自然环境发展能够相互统一。

三、我国绿色建筑设计的必要性

中国建材网数据表明，国内每年城乡新建房屋面积高达20亿平方米，其中超出80%都是高耗能建筑。现有建筑面积高达635亿平方米，其中超出95%都是高能耗建筑，而能源利用率仅仅才达到33%，相比于发达国家来说，我国要落后二十余年。建筑总能耗分为两种，一种是建材生产，另一种是建筑能耗，而我国30%的能耗总能量为建筑总能耗，而其中建材生产能耗量高达12.48%。而在建筑能耗中，围护结构材料并不具备良好的保温性能，保温技术相对滞后，传热耗能达到了75%左右。因此，大力发展绿色建筑已经成为一种必然的发展趋势。

绿色建筑设计可以不断提升资源的利用率。从建筑行业长久的发展上看来，可以得知，在建设建筑项目过程中会对资源有着大量的消耗。我国土地虽然广阔，但是因为人口过多，所以很多社会资源都较为稀缺。面对这样的情况，建筑行业想要在这样的环境下实现稳定可持续发展，就要把绿色建筑设计理念的实际应用作为工作的重点，并结合人们的住房需求，采取最合理地办法，将建筑建设的环境水平提升，同时也要缓解在社会发展中所呈现出的资源稀缺的问题。

例如，可以结合区域气候特点来设计低能耗建筑；利用就地取材的方式来使建筑运输成本大大降低；利用采取多样化节能墙体材料来让建筑室内具备保温节能功能；应用太阳能、水能等可再生能源以降低生活热源成本；对建筑材料进行循环使用来实现建筑成本和环境成本的切实降低。

绿色建筑很大程度延伸了建筑材料的可选范围。绿色建筑发展让很多新型建筑材料和制成品有了可用之地，并且还进一步地推动了工艺技术相对落后产品的淘汰。例如，建筑业对多样化新型墙体保温材料的要求不断提高，GRC板等新型建筑材料层出不穷，基于这样的时代背景下，促使一些高耗能高成本的建筑材料渐渐被淘汰出局。

作为深度学习在计算机视觉领域应用的关键技术，卷积神经网络是通过设计仿生结构来模拟大脑皮层的人工神经网络，可实现多层网络结构的训练学习。同传统的图像处理算法相比较，卷积神经网络可以利用局部感受，获得自主学习能力，以应对大规模图像处理数据。同时权值共享和池化函数设计减少了图像特征点的维数，降低了参数调整的复杂度，稀疏连接提高了网络结构的稳定性，最终产生用于分类的高级语义特征，因此被广泛应用于目标检测、图像分类领域。

以持续化发展为目的，促进社会经济可持续发展。

在信息技术快速发展的背景下，社会各个领域中都有科学技术手段的应用。同样在建筑行业中，出现了很多绿色建筑的设计理念和相关技术，将资源浪费的情况从根本上降低，全面提升建筑工程的质量水平。除此之外，随着科学技术的发展，与过去的建筑设计相比，当前设计建筑的工作，在经济、质量以及环保方面都有着很大的突破，给建筑工程质量的提升打下了良好地基础。

伴随人类生产生活对于能源的不断消耗，我国能源短缺问题已经变得越来越严重。同时，随着社会经济的不断发展，人们已经不仅仅满足最基本的生活需求，从十九大报告中“我国社会主要矛盾的转变”，可看出人们的生活追求正在逐步提升，都希望能够有一个健康舒适的生活环境。种种因素的推动下，大力发展绿色建筑已经成为我国建筑行业发展的必然趋势，相较于西方发达国家来说，我国建筑能耗严重，绿色建筑技术水平远远落后。本节首先分析了绿色建筑的相关概念界定，其次从节地设计、节能节材设计和水资源节约设计三个方面对绿色建筑设计特点进行了分析，详细描述了我国绿色建筑设计的发展趋势，最后阐明了绿色建筑设计的必要性。绿色建筑发展不仅仅是我国可持续发展对建筑行业发展提出来的必然要求，同时也是人们对生活质量提升和对工作环境的基本诉求。

第三节　绿色建筑方案设计思路

在社会发展的影响下，我国建筑越来越重视绿色设计，其已经成为建筑设计中非常重要的一环，建筑设计会慢慢地向绿色建筑设计靠拢，绿色建筑为人们提供高效、健康的生活，通过将节能、环保、低碳的意识融入建筑中，实现自然与社会的和谐共生。现在我国建筑行业对绿色建筑设计的重视程度非常高，绿色建筑设计理念既是一个全新的发展机遇，同时又面临着严重的挑战。在此基础上本节分析了绿色建筑设计思路在设计中的应用。分析和探讨绿色建筑设计理念与设计原则，并提出绿色建筑设计的具体应用方案。

近年来我国经济发展迅速，但是这样的发展程度，大多以环境牺牲作为代价。目前，环保问题成为了整个社会所关注的热点，如何在生活水平提高的同时又对各类资源进行保护和如何对整个污染进行控制成为了重点问题。尤其对于建筑业来说，所需要的资源消耗较大，也就意味着会在整个建筑施工的过程中造成大量的资源浪费。而毋庸置疑的是建筑业所需要的各种材料，往往也是通过极大的能源来进行制造的，而制造的过程也会造成很多的污染，比如钢铁制造业对于大气的污染，粉刷墙用的油漆制造对于水源的污染。为了减少各种污染所造成的损害，于是提出了绿色建筑这一体系，也就是说，在整个建筑物建设的过程中进行以环保为中心，减少污染控制的建造方式。绿色建筑体系，对于整个生态的发展和环境的可持续发展具有重要意义。除此之外，所谓的绿色建筑并不仅仅只是建筑，本身是绿色健康环保的，因为要求建筑的环境也是处于一个绿色环保的状态，可以给居住在其中的居民一个更为舒适的绿色生态环境。以下分为室内环境和室外环境来进行论述。

一、绿色建筑设计思路和现状

据不完全数据显示，建筑施工过程中产生的污染物质种类涵盖了固体、液体和气体三种，资源消耗上也包括了化工材料、水资源等物质，垃圾总量可以达到年均总量的40%左右，由此可以发现绿色建筑设计的重要性。简单来说，绿色建筑设计思路包括了节能能源、节约资源、回归自然等设计理念，就是以人的需求为核心，通过对建筑工程的合理设计，最大程度地降低污染和能源的消耗，实现环境和建筑的协调统一。设计的环节需要根据不同的气候区域环境有针对性地进行，并从建筑室内外环境、健康舒适性、安全可靠性、自然和谐性以及用水规划与供排水系统等因素出发合理设计。

在我国建筑设计中的应用受诸多因素的影响，还存在不少的问题，发展现状不容乐观。①尽管近些年建筑行业在国家建设生态环保性社会的要求下，进一步地扩大了绿色建筑的建筑范围，但绿色建筑设计与发达国家相比仍处于起步阶段，相关的建筑规范和要求仍然存在缺失、不合理的问题，监管层面更是严重缺乏，限制了绿色设计的实施效果。②相较于传统建筑施工，绿色建筑设计对操作工艺和经济成本的要求也很高，部分建设单位因成本等因素对于绿色设计思路的应用兴趣不高。③绿色建筑设计需要相关的设计人员具备高素质的建筑设计能力，并能够在此基础上将生态环保理念融合在设计中，但实际的设计情况明显与期待值不符，导致绿色建筑设计理念流于形式，并未得到落实。

二、建筑设计中应用绿色设计思路的措施

绿色建筑材料设计。在绿色建筑设计中，材料选择和设计是首要的环节，在这一阶段，主要是从绿色选择和循环利用设计两个方面出发。

绿色建筑材料的选择。在建筑工程中，前期的设计方案除了要根据施工现场绘制图纸外，也会结合建筑类型事先罗列出工程建设中所需的建筑材料，以供采购部门参考。但传统的建筑施工“重施工，轻设计”的观念导致材料选购清单的设计存在较大的问题，材料、设备过多或紧缺的现象时有发生。因此，绿色建筑设计思路要考虑到材料选购的环节，以环保节能为清单的设计核心。综合考虑经济成本和生态效益，将建筑资金合理地分配到不同种类材料的选购上，可以把国家标准绿色建材参数和市面上的材料数据填写到统一的购物清单中，提高材料选择的环保性。而且，为了避免出现材料份额不当的问题，设计人员也要根据工程需求情况，设定一个合理数值范围，避免造成闲置和浪费。

循环材料设计。绿色建筑施工需要使用的材料种类和数量都较多，一旦管理力度和范围有缺失就会资源的浪费，必须做好材料的循环使用设计方案。对于大部分的建筑施工而言，多数的材料都只使用了一次便无法再次利用，而且使用的塑料材质不容易降解，对环境造成了相当严重的污染。对此，在绿色建筑施工管理的要求下，可以先将废弃材料进行分类，一般情况下建材垃圾的种类有碎砌砖、砂浆、混凝土、桩头、包装材料以及屋面材料，在设计方案中可以给出不同材料的循环方法，碎砌砖的再利用设计可以是做脚线、阳台、花台、花园的补充铺垫或者重新进行制造，变成再生砖和砌块。

顶部设计。高层建筑的顶部设计在整体设计过程当中占据着非常重要的地位，独特的顶部设计能够增强整体设计的新鲜感，增强自身的独特性，更好地与其他建筑设计进行区分。比如说可以将建筑设计的顶部设计成蓝色天空的样子，等到晚上就可以变成一个明亮的灯塔，给人眼前一亮的感觉。但是，并不可以单纯了为了博得大家的眼球而使用过多的建筑材料，避免造成资源浪费，顶部设计的独特性应该建立在节约能源资源的基础上，以绿色建筑设计为基础。

外墙保温系统设计。外墙自保温设计需要注意的是抹灰砂浆的配置要保证节能，尤其是抗裂性质的泥浆对于保证外保温系统的环保十分关键。为了保证砂浆维持在一个稳定的水平线以内，要在砂浆设计的过程中严格按照绿色节能标准，合理制定适当比例的乳胶粉和纤维元素比例，以保证砂浆对保温系统的作用。

笔者认为，绿色建筑不光指民用建筑可持续发展建筑、生态建筑、回归大自然建筑、节能环保建筑等，工业建筑方面也要考虑其绿色、环保的设计，减少环境影响。

刚刚设计完成的定州雁翎羽绒制品工业园区，正是考虑到了绿色环保这一方面，采用工业污水处理+零排放技术。其规模及影响力在全国羽绒制品行业是首屈一指。

其地理位置正是位于雄安新区腹地，区位优势明显、交通便捷通畅、生态环境优良、资源环境承载能力较强、现有开发程度较低、发展空间充裕、具备高起点高标准开发建设的基本条件。为迎合国家千年大计之发展，该企业是羽绒行业单家企业中拥有最大的污水处理厂，工艺流程完善，污水多级回收重复利用，节能率最高，工艺设备最先进；总体池体结构复杂，污水处理厂区 130 * 150m，整体结构控制难度大，嵌套式水池分布，土结构地下深度深，且多层结构，土地利用率最充分，设计难度大。

整个厂区水循环系统为多点回用，污水处理有预处理+生化+深度生化处理+过滤；后续配备超滤反渗透+蒸发脱盐系统，是国内第一家真正实现生产污水零排放的羽绒企业。

简而言之，在建筑设计中应用绿色设计思路是非常有必要的，绿色建筑设计思路在当前建筑行业被广泛应用，也取得了较好的应用成果，进一步地研究是十分必要的，相信在以后的发展过程中，建筑设计中会加入更多地绿色设计思路，建筑绿色型建筑，为人们创建舒适的生活居住环境。

第四节　绿色建筑的设计及其实现

文章首先分析了绿色环境保护节能建筑设计的重要意义，其次介绍了绿色建筑初步策划、绿色建筑整体设计、绿色材料与资源的选择、绿色建筑建设施工等内容，希望能给相关人士提供参考。

随着近几年环境的恶化，绿色节能设计理念相继诞生，这也是近几年城市居民生活的直接诉求。在经济不断发展的背景下，人们对于生活质量的重视程度逐渐提升，使得环保节能设计逐渐成为建筑领域未来发展的主流方向。

一、绿色环境保护节能建筑设计的重要意义

绿色建筑拥有建筑物的各种功能，同时还可以按照环保节能原则实施高端设计，从而进一步地满足人们对于建筑的各项需求。在现代化发展过程中，人们对于节能环保这一理念的接受程度正在不断提升，建筑行业领域想要实现可持续发展的目标，需要积极融入环保节能设计相关理念。而建筑应用期限以及建设质量在一定程度上会被环保节能设计综合实力所影响，为了进一步地提高绿色建筑建设质量，需要加强相关技术人员的环保设计实力，将环保节能融入到建筑设计的各个环节中，从而提高建筑整体质量。

二、绿色建筑初步策划

节能建筑设计在进行整体规划的过程中，需要先考虑到环保方面的要求，通过有效的宏观调控手段，控制建筑环保性、经济性和商业性，还要从而促进三者之间维持一种良好的平衡状态。在保证建筑工程基础商业价值的同时，提高建筑整体的环保性能。通常情况下，建筑物主要是一种坐北朝南的结构，这种结构不但能够保证房屋内部拥有充足光照，同时还能提高建筑整体商业价值。早实施节能设计的过程中，建筑通风是其中的重点环节，合理地通风设计可以进一步地提高房屋通风质量，促进室内空气的正常流通，从而保持清新空气，提高空气和光照等资源的使用效率。在建筑工程中，室内建筑构造为整个工程中的核心内容，通过对建筑室内环境进行合理布局，可以促进室内空间的充分利用，促进个体空间与公共空间的有机结合，在最大程度上提升建筑节能环保效果。

三、绿色节能建筑整体设计

空间和外观。通过空间和外观的合理设计能够实现生态设计的目标。建筑表面的面积和覆盖体积之间的比例为建筑体型系数，该系数能够反映出建筑空间和外观的设

计效果。如果外部环境相对稳定，则体型系数能够决定建筑能源消耗，比如建筑体型系数扩大，则建筑单位面积散热效果加强，使总体能源消耗增加，为此需要合理控制建筑体型系数。

门窗设计。建筑物外层便是门窗结构，这会和外部环境空气进行直接接触，从而空气便会顺着门窗的空隙传入室内，影响室温状态，无法发挥良好地保温隔热效果。在这种情况下，需要进一步地优化门窗设计。窗户在整个墙面中的比例应该维持一种适中状态，从而有效控制采暖消耗。对门窗开关形式进行合理设计，比如推拉式门窗能够防止室内空气对流。在门窗上层添加嵌入式的遮阳棚，从而对阳光照射量进行合理调节，促进室内温度维持一种相对平衡的状态，维持在一种最佳的人体舒适温度。

墙体设计。建筑墙体功能之一便是促进建筑物维持良好的温度状态。进行环保节能设计的过程中，需要充分结合建筑墙体作用特征，提升建筑物外墙保温效果，扩大外墙混凝土厚度，通过新型的节能材料提升整体保温效果。最新研发出来的保温材料有耐火纤维、膨胀砂浆和泡沫塑料板等。相关新型材料能够进一步减缓户外空气朝室内的传播渗透速度，从而降低户外温度对于室内温度的不良影响，达到一种良好的保温效果。除此之外，新型材料还可以有效预防热桥和冷桥磨损建筑物墙体，增加墙体使用期限。

四、绿色材料与资源的选择

合理选择建筑材料。材料是对建筑进行环保节能设计中的重要环节，建筑工程结构十分复杂，因此对于材料的消耗也相对较大，尤其是在各种排水材料和装饰材料中，通过高质量装饰材料能够凸显建筑环保节能功能，比如通过淡色系的材料进行装饰，不仅可以进一步提高整个室内空间的开阔度和透光效果，同时还能够对室内光照环境进行合理调节，随后结合室内采光状态调整光照，降低电力消耗。建筑工程施工中的排水施工是重要环节，为此需要加强环保设计，尽量选择环保耐用、节能环保、危险系数较低的管材，从而进一步增加排水管道应用期限，降低管道维修次数，为人们提供更加方便的生活，提升整个排水系统的稳定性与安全性。

利用清洁能源。对清洁能源的应用技术是最新发展出来的一种广泛应用于建筑领域中的技术，受到人们广泛欢迎，同时也是环保节能设计中的核心技术。其中难度较高的技术为风能技术、地热技术和太阳能技术。而相关技术开发出来的也是可再生能源，永远不会枯竭。将相关尖端技术有效融入于建筑领域中，可以为环保节能设计奠定基础保障。在现代建筑中太阳能的应用逐渐扩大，人们能够通过太阳能直接进行发电与取暖，也是现代环保节能设计中的重要能源渠道。社会的发展离不开能源，而随着我们发展速度不断加快，对于能源的消耗也逐渐增加，清洁能源的有效利用可以进一步地减轻能源压力的同时，清洁能源还不会造成二次污染，并满足人们绿色生活要求。当下建筑领域中的清洁能源以自然光源为主，能够有效减轻视觉压力，为此在设计过程中需要提升自然光利用率，结合光线衍射、反射与折射原理，合理利用光源。因为太阳能供电需要投入大量资金资源进行基础设备建设，在一定程度上阻碍了太阳能技术的推广。风能的应用则十分灵活，包括机械能、热能和电能等，都可以由风能转化并进行储存，从这种角度来看风能比太阳能拥有更为广阔的开发前景。绿色节能技术的发展能够在绿色建筑领域中发挥出更大的作用。

五、绿色建筑建设施工技术

地源热泵技术。地源热泵技术常用于解决建筑物中的供热和制冷难题，能够发挥出良好的能源节约效果。与空气热泵技术相比，地源热泵技术在实践操作过程中，不会对生态环境造成太大的影响，只会对周围部分土壤的温度造成一定影响，对于水质和水位没有太大影响，因此可以说地源热泵拥有良好的环保效果。地理管线应用性能容易被外界温度所影响，在热量吸收与排放这两者之间相互抵消的条件下，地源热泵能够达到一种最佳的应用状态。我国南北方存在巨大温差，为此在维护地理管线的过程中也需要使用不同的处理措施。北方可以通过增设辅助供热系统的方式，分散地源热泵的运行压力，提高系统运行稳定性；而南方地区则可以通过冷却塔的方式分散地源热泵的工作负担，延长地源热泵使用期限。

蓄冷系统。通过优化设计蓄冷系统，可以对送风温度进行全面控制，减少系统中的运行能耗。因为夜晚的温度通常都比较低，能够方便在降低系统能耗的基础上，有效储存冷气，在电量消耗相对较大的情况下有效储存冷气，随后在电力消耗较大的情况下，促进系统将冷气自动排送出去，结束供冷工作，减少电量消耗。条件相同的情况下，储存冰的冷气量远远大于水的冷气量，同时冰所占的储冷容积也相对较小，为此热量损失较低，能够有效控制能量消耗。

自然通风。自然通风可以促进室内空气快速流动，从而使室内外空气实现顺畅交换，维持室内新鲜的空气状态，使其满足舒适度要求，同时不会额外消耗各种能源，降低污染物产量，在零能耗的条件下，促进室内的空气状态达到一种良好的状态。在该种理念的启发下，绿色空调暖通的设计理念相继诞生。自然通风主要可以分为热压通风和风压通风两种形式，而占据核心地位和主导优势的是风压通风。建筑物附近风压条件也会对整体通风效果产生一定影响。在这种情况下，需要合理选择建筑物具体位置，充分结合建筑物的整体朝向和分布格局进行科学分析，提高建筑物整体通风效果。在设计过程中，还需充分结合建筑物剖面和平面状态进行综合考虑，尽量降低空气阻力对于建筑物的影响，扩大门窗面积，使其维持在同一水平面上，实现减小空气阻力的效果。天气因素是影响户外风速的主要原因，为此在对建筑窗户进行环保节能设计时，可以通过添加百叶窗对风速进行合理调控，从而进一步地减轻户外风速对于室内通风的影响。热压通风和空气密度之间的关系比较密切。室内外温度差异容易影响整体空气密度，空气能够从高密度区域流向低密度区域，促进室内外空气的顺畅流通，通过流入室外干净的空气，从而把室内浑浊的空气排送出去，提升室内整体空气质量。

空调暖通。建筑物保温功能主要是通过空调暖通实现的，为了实现节能目标，可以对空调的运行功率进行合理调控，从而有效减少室内热量消耗，提高空调暖通的环保节能效果。除此之外，还可以通过对空调风量进行合理调控的方法降低空调运行压力，减少空调能耗，实现节能目标。把变频技术融入到空调暖通系统当中，能够进一步当减少空调能耗，和传统技术下的能耗相比降低了四成，提高了空调暖通的节能效果。经济发展带来的双重后果：一是提升了人们整体生活质量，二是加重了环境污染，威胁到人们身体健康。对空调暖通进行优化设计能够有效降低污染物排放，减少能源消耗，从而提升整体环境质量。在对建筑中的空调暖通设备进行设计的过程中，还需要充分结合建筑外部气流状况和建筑当地地理状况，有效选择环保材料，促进系统升级，提升环保节能设计的社会性与经济效益。

电气节能技术。在新时期的建筑设计中，电气节能技术的应用范围逐渐扩大，能够进一步地减少能源消耗。电气节能技术大都应用于照明系统、供电系统和机电系统中。在配置供电系统相关基础设备的过程中，应该始终坚持安全和简单的原则，预防出现相同电压变配电技术超出两端问题的出现，外变配电所应该和负荷中心之间维持较近的距离，从而能够有效减少能源消耗，促进整个线路的电压维持一种稳定的状态。为了降低变压器空载过程中的能量损耗，可以选择配置节能变压器。为了进一步保证热稳定性，控制电压损耗，应该合理配置电缆电线。照明设计和配置两者之间是完全不同的，照明设计需要符合相应的照度标准，只有合理设计照度才能降低电气系统能源消耗，实现优化配置的终极目标。

综上所述，环保节能设计符合新时期的发展诉求，同时也是建筑领域未来发展的主流方向，能够促进人们生活环境和生活质量的不断优化，在保证建筑整体功能的基础上，为人们提供舒适生活，打造生态建筑。

第五节　绿色建筑设计的原则与目标

“生态引领、绿色设计”为主的绿色建筑设计理念逐渐得到建筑行业重视，并得到一定程度的推广与应用。以绿色建筑为主的设计理念主张结合可持续战略政策，实现建筑领域范围内的绿色设计目标，解决以往建筑施工污染问题，最大限度地确保建筑绿色施工效果。可以说，实行绿色建筑设计工作俨然成为我国建筑领域予以重点贯彻与落实的工作内容。针对于此，本节主要以绿色建筑设计为研究对象，重点针对绿色建筑设计原则、实现目标及设计方法进行合理分析，以供参考。

全面贯彻落实国家建筑部门会议精神及决策部署，牢固树立创新、绿色、开放的建筑领域发展理念，已然成为建筑工程现场施工与设计工作亟待实现的发展理念与核心目标。目前，对于绿色建筑设计问题，必须严格按照可持续发展理念与绿色建筑设计理念，即构建以创新发展为内在驱动力，以绿色设计与绿色施工为内在抓手的设计理念，以期可以为绿色建筑设计及现场施工提供有效保障。与此同时，在实行绿色建筑设计过程中，建筑设计人员必须始终坚持把“生态引领、绿色设计”地理念放在全局规划设计当中，力图将绿色建筑设计工作带动到建筑工程全过程施工当中。

一、绿色建筑的相关概述

基本理念。所谓的绿色建筑主要是指在建筑设计与建筑施工过程中，始终秉持人与自然和谐发展原则，并秉持节能降耗发展理念，保护环境和减少污染，为人们提供健康、舒适和高效的使用空间，建设人与自然和谐共生的建筑物。在提高自然资源利用率的同时，尽量促进生态建筑与自然建筑的协调发展。在实践过程中，绿色建筑一般不会使用过多的化学合成材料，反而会充分利用自然能源，如太阳光、风能等可再生资源，让建筑使用者直接与大自然相接触，减少以往人工干预问题，确保居住者能够生活在一个低耗、高效、环保、绿色、舒心的环境当中。

核心内容。绿色建筑核心内容多以节约能源资源和回归自然为主。其中，节约能源资源主要指在建筑设计过程中，利用环保材料、最大限度地确保建设环境安全。与此同时，提高材料利用率，合理处理并配置剩余材料，确保可再生能源得以重复利用。举例而言，针对建筑供暖与通风设计问题，在设计方面应该尽量减少空调等供暖设备的使用量，最好利用自然资源，如太阳光、风能等，加强向阳面的通风效果与供暖效果。一般来说，不同地区的夏季主导风向有所不同。建筑设计人员可以根据不同地区地理位置以及气候因素进行统筹规划与合理部署，科学设计建筑平面形式和进行总图布局。

而绿色建筑设计主要是指在充分利用自然资源的基础上，实现建筑内部设计与外部环境的协调发展。通俗来讲，就是在和谐中求发展，尽可能地确保建筑工程的居住效果与使用效果。在设计过程中，摒弃传统能耗问题过大的施工材料，尽量杜绝使用有害化学材料等，并尽量控制好室内温度与湿度问题。待设计工作结束之后，现场施工人员往往需要深入施工场地进行实地勘测，及时明确施工区域土壤条件，是否存在有害物质等。需要注意的是，对于建筑施工过程中使用的石灰、木材等材料必须事先做好质量检验工作，防止施工能耗问题。

二、绿色建筑设计的原则

简单实用原则。工程项目设计工作往往需要立足于当地经济、环境以及资源等特点方面进行统筹考虑，对待区域内自然变化情况，必须充分利用好各项元素，以期可以提高建筑设计的合理性与科学性。介于不同地域经济文化、风俗习惯存在一定差异，因此所对应的绿色设计要求与内容也不尽相同。针对于此，绿色建筑设计工作必须在满足人们日常生活需求的前提下，尽可能地选用节能型、环保型材料，确保工程项目设计的简单性与适用性，更好地加强对外界不良环境的抵御能力。

经济和谐原则。绿色建筑设计针对空间设计、项目改造以及拆除重建问题予以了重点研究，并针对施工过程能耗过大的问题，如化学材料能耗问题等进行了合理改进。主张现场施工人员以及技术人员必须采取必要的控制手段，解决以往施工能耗过大的问题。与此同时，严格要求建筑设计人员必须事先做好相关调查工作，明确施工场地和施工条件，针对不同建筑系统采取不同的方法策略。为此，绿色建筑设计要求建筑设计人员必须严格遵循经济和谐原则，充分延伸并发展可持续发展理念，满足工程建设经济性与和谐性目标。

节约舒适原则。绿色建筑设计主体目标在于如何实现能源资源节约与成本资源节约的双向发展。因此，国家建筑部门将节约舒适原则视作绿色建筑设计工作必须予以重点践行的工作内容。严格要求建筑设计人员必须立足于城市绿色建筑设计要求，重点考虑城市经济发展需求与主要趋势，并且根据建设区域条件，重点考虑住宅通风与散热等问题。最好减少空调、电扇等高能耗设备的使用频率，以期可以初步缓解能源需求与供应之间的矛盾现象。除此之外，在建筑隔热、保温以及通风等功能的设计与应用方面，最好实现清洁能源与环保材料的循环使用，以期可以进一步地提升人们生活的舒适程度。

三、绿色建筑设计目标内容

新版《公共建筑绿色设计标准》与《住宅建筑绿色设计标准》针对绿色建筑设计目标内容作出了明确指示与规划，要求建筑设计人员必须从多个层面，实现层层推进、环环紧扣的绿色建筑设计目标。重点从各个耗能施工区域入手，加强节能降耗设计措施，以确保绿色建筑设计内容能够实现建筑施工全范围覆盖目标。以下是笔者结合实际工作经验，总结与归纳出绿色建筑设计亟待实现的目标内容，仅供参考。

功能目标。绿色建筑设计功能目标涵盖面较广、集中以建筑结构设计功能、居住者使用功能、绿色建筑体系结构功能等目标内容为主。在实行绿色建筑设计工作时，要求建筑设计人员必须从住宅温度、湿度、空间布局等方面综合衡量与考虑，如空间布局规范合理、建筑面积适宜、通风性良好等。与此同时，在身心健康方面，要求建筑设计人员必须立足于当地实际环境条件，为室内空间营造良好地空气环境，且所选用的装饰材料必须满足无污染、无辐射的特点，最大限度地确保建筑物的安全，并满足建筑物的使用功能。

环境目标。实行绿色建筑设计工作的本质目的在于尽可能地降低施工过程造成的污染影响。因此，对于绿色建筑设计工作而言，必须首要实现环境设计目标。在正式设计阶段，最好着眼于合理规划建筑设计方案，确保绿色建筑设计目标得以实现。与此同时，在能源开采与利用方面，最好重点明确设计目标内容，确保建筑物各结构部位的使用效果。如结合太阳能、风能、地热能等自然能源，降低施工过程中的能耗污染问题。

成本目标。经济成本始终是建筑项目予以重点考虑的效益问题。对于绿色建筑设计工作而言，实现成本目标对于工程建设项目而言，具有至关重要的作用。对于绿色建筑设计成本而言，通常需要从建筑全寿命周期进行核定。对待成本预算工作，必须从整个规划的建筑层面入手，将各个独立系统额外增加的费用进行合理记录。最好从其他处进行减少，防止总体成本发生明显波动。如太阳能供暖系统投资成本增加可以降低建筑运营成本等。

四、绿色建筑设计工作的具体实践分析

关于绿色建筑设计工作的具体实践，笔者主要以通风设计、给排水设计、节材设计为例。其中，通风设计作为绿色建筑设计的重点内容，需要立足于绿色建筑设计目标，针对绿色建筑结构进行科学改造。如合理安排门窗开设问题、适当放宽窗户开设尺寸，以达到提高通风量的目的。与此同时，针对于建筑物内部走廊过长或者狭小的问题而言，建筑设计人员一般多会针对楼梯走廊实行开窗设计，目的在于提高楼梯走廊光亮程度以及通风效果。

在给排水系统设计方面，应严格遵循绿色建筑设计理念，将提高水资源利用效率视为给排水系统设计的核心目标。在排水管道设施的选择方面，尽量选择具备节能性与绿色性的管道设施。在布局规划方面，必须满足严谨、规范的绿色建筑设计原则。另外，在节约水资源方面，最好合理回收并利用雨水资源、规范处理废水资源。举例而言，废水资源经循环处理之后，可以用于现场施工，如清洗施工设备等。

在建筑设计过程中，节材设计尤为重要。建筑材料的选择直接影响着设计手法和表现的效果，建筑设计应尽量多采用天然材料，并力求使资源可重复利用，减少资源的浪费。木材、竹材、石材、钢材、砖块、玻璃等均是可重复利用极好的建材，是现在建筑师最常用的设计手法之一，也是体现地域建筑的重要表达语言。旧材料的重复利用，加上现代元素的金属板、混凝土、玻璃等能形成强烈的新旧对比，在节材的同时赋予了旧材料新生命，同时也彰显了人文情怀和地方特色。材料的重复使用更能凸显绿色建筑，地域与人文的“呼应”，传统与现代的“融合”，环境与建筑的“一体”的理念。

总而言之，绿色建筑设计作为实现城市可持续发展与环保节能理念落实的重要保障，理应从多个层面，实现层层推进、环环紧扣的绿色建筑设计目标。在绿色建筑设计过程中，最好将提高能源资源利用率、实现节能、节材、降耗目标放在首要设计战略位置，力图在降低能耗的同时，节约成本。与此同时，在绿色建筑设计过程中，对于项目规划与设计问题，必须遵循自然规律、满足生态平衡。对待施工问题，不得擅自主张改建或者扩建，确保能够实现人与自然和谐相处的目标。需要注意的是，工程建筑设计人员最好立足于当前社会发展趋势与特点，明确实行绿色建筑设计的主要原则及目标，从根本上确保绿色建筑设计效果，为工程建造提供安全保障。

第六节 基于 BIM 技术的绿色建筑设计

社会的快速发展推动了我国城市化的进程，使得建筑行业的发展取得了突飞猛进的进步，建筑行业在快速发展的同时也给我国生态环境带来了一定的污染，一些能源也面临着枯竭。这类问题的出现对我国的经济发展产生了重大的影响，随着环境和能源问题的日益增大，我国对于生态环境保护作出了重大的关注，使我国现阶段的发展理念主要以节能、绿色和环保为主。作为我国城市发展基础工程的建筑工程，为了适应社会的发展，也逐渐向着绿色建筑的方向进步。虽然我国对于绿色建筑已经大力发展，但是由于一些因素的影响，使得绿色建筑的发展存在着一些问题，为了有效地应对绿色建筑发展中出现的问题进行解决，就需要在绿色建筑发展中合理地运用 BIM 技术。本篇文章，主要就是基于 BIM 技术的绿色建筑设计进行的分析和研究。

一、BIM技术和绿色建筑设计的概述

BIM 技术。BIM 技术就是一种新型的建筑信息模型，通常应用在建筑工程中的设计建筑管理中，BIM 的运行方式主要是先通过参数对模型的信息进行整合，并在项目策划、维护以及运行中进行信息的传递。将 BIM 技术应用在绿色建筑设计中，不但可以为建筑单位以及设计团队奠定一定的合作基础，还可以有效地为建筑物从拆除到修建等各个环节提供有力的参考。由此可见，BIM 技术可以推广建筑工程的量化以及可视化。在建筑工程的项目建筑中，不论任何单位都可以利用 BIM 技术来对作业的情况进行修改、提取以及更新，所以说 BIM 技术还可以促进建筑工程的顺利开展。BIM 技术的发展是以数字技术为基础，是利用数字信息模型来对信息在 BIM 中进行储存的一个过程，这些储存的信息一般是对工程建筑施工、设计和管理具有重要作用的信息，通过 BIM 技术实现对关键信息的统一管理，有利于施工人员的工作。BIM 技术的建筑模型技术，主要运用的是仿真模拟技术，这种技术即使面对的是一项复杂的工程，也可以快速地对工程的信息进行分析，BIM 技术具有的模拟性、协调性和可视性等特点，可以有效地对建筑工程的施工质量进行提升对施工成本进行降低。

绿色建筑设计。绿色建筑在我国近几年的发展中应用的范围越来越广泛，绿色建筑的发展源于我国以往的建筑行业发展和工业发展带来的严重环境污染和资源浪费，对绿色建筑进行发展主要是希望建筑物的发展在发挥其自身特性的同时，也能够达到节能减排的目的，为了使我国的建筑发展能够在建筑物有限的使用寿命里有效地对能源进行节约和污染进行减小。只有这样才能够提升人们的生活质量和促进人与建筑以及人与人之间的和谐发展。绿色建筑是一种建筑设计理念，并不是在建筑的周围所进

行的一种绿色设计，简单来说，就是在工程建设不破坏生态平衡的前提下，还能够有效地对建筑材料的使用以及能源的使用进行减少，发展的目的是以节能环保为主。

二、BIM技术与绿色建筑设计的相互关系

BIM 技术为绿色建筑设计赋予了科学性。BIM 技术主要是通过数字信息模型来对绿色建筑中的数据进行分析，分析的数据不但包括设计数据，还包括施工数据，所以 BIM 技术的运用是贯穿于整个建筑工程项目的始终。BIM 技术可以在市政、暖通、水利、建筑以及桥梁的施工中进行应用，在建筑工程中利用 BIM 技术，主要是为了对工程建设的能源损耗进行减小，对施工效率和施工质量进行提高。由于 BIM 技术的发展是以数字技术为基础，所以对数据的分析具有精确性和准确性的特点，在绿色建筑设计的数据分析中利用 BIM 技术进行分析，可以有效地使绿色建筑的设计更加的科学化和规范化，绿色建筑设计经过精确的数据分析可以更好地达到绿色建筑的行业标准要求。

绿色建筑设计促进了 BIM 发展技术的提升。我国的 BIM 技术相较于发达国家，起步是较晚的，所以 BIM 技术的发展较为落后，BIM 技术在我国现阶段的发展处于探究发展的阶段，发展并没完全地成熟，为了加强 BIM 技术的发展，就应在实际的运用中对 BIM 技术问题进行发现和修正。因此，在绿色建筑设计中应用 BIM 技术可以有效地促进 BIM 技术发展的速度，由于绿色建筑设计的每一个环节都需要用到 BIM 技术来进行辅助工作和数据支撑，所以对 BIM 技术在每一个环节中出现的问题进行及时发现和修正。

三、基于BIM技术的绿色建筑设计

节约能源的使用。绿色建筑设计发展的要求就是做到对资源使用有效地节约，所以说节约能源是绿色建筑设计发展的重要内容。在绿色建筑设计中，BIM 技术的使用可以通过建立三维模型来对能源的消耗情况进行分析，在对数据进行分析时，还可以根据当地气候的数据来模拟进行调整，这样就会使得对建筑结构分析的精确性，建筑结构设计具有精确性就会最大程度地避免出现建筑结构重置的情况，在实际的施工中也可以减小工程变更问题的出现，因此可以较大程度地减小对能源的使用。通过 BIM 技术还可以实现对太阳辐射照度的分析，这样就可以通过对太阳辐射的分析来获取太阳能，可以做到对太阳能的最大程度使用，太阳能为可再生能源，在绿色建筑中加大对太阳能的使用，就可以有效地减小对其它能源的使用率。

运营管理分析。建筑物对能源的消耗是极大的，而能耗的问题也是建筑行业发展中所面临的严峻挑战之一，将 BIM 技术应用在建筑工程中不但可以有效地降低项目工程设计、运行以及施工中对能源消耗的情况，由于 BIM 技术具有独特的状态监测功能，还可以在较短的时间内对建筑设备的运行状态进行了解和有效地实现，对运营的实时监管和控制。通过对运营的监管可以最大程度地做到对使用能源进行减少，从而使得

绿色建筑设计的经济效益最大化。BIM 技术还具有紧急报警装置，如果在施工的过程中有意外情况的发生，BIM 就会及时发出警报，从而使得事故发生损失减到最小化。

室内环境分析。在绿色建筑中利用 BIM 技术来对数据进行分析，可以通过精确且高效地计算数据来对建筑物设计中的不足进行发现，这样不但可以有效地对建筑设计的水平进行提升，还可以最大程度地对建筑物室内的环境、通风、采光、取暖、降噪等方面进行优化。BIM 技术对室内环境的优化主要是通过对室内环境的各种数据进行分析之后得出真实情况的模拟，再通过 BIM 技术准确的数据支撑，使设计者在了解数据之后通过对门窗开启的时间、速度和程度等各种条件来对通风的情况进行改善，因此，BIM 技术的应用可以有效地对室内通风的状况进行优化。

协调建筑与环境之间的关系问题。利用 BIM 技术可以对建筑物的墙体、采光问题、通风问题以及声音的问题等通过数据进行分析，再利用 BIM 技术对这类问题进行分析时，通常是利用建筑事务所提供的设计说明书来对相应的光源、声音以及通风的情况进行的设计，通过把这类数据输入 BIM 软件，便可以生产与其相关的数据报告，设计者再通过这些报告来对建筑物的设计进行改进，便可有效地对建筑物和环境之间的问题进行协调。

我国科技的不断发展在促进社会进步的同时，也使得 BIM 技术得到广泛的应用，为了满足社会发展的需求，我国的建筑行业正在向着绿色建筑方向发展。要使绿色建筑设计取得良好的发展，就需要在绿色建筑设计中融入 BIM 技术，BIM 技术对绿色建筑设计具有较好的辅助作用，有利于提升设计方案的生态性，并且还可以有效地改善建筑工程污染严重的情况。面对环境污染严重的局势，我国必须加大对绿色建筑设计的推广力度，并且积极地利用现代技术来优化模拟设计方案，这样才可以推动建筑设计的生态型以及促进建筑行业的可持续发展。

第七章　建筑设计美学

第一节　建筑设计美学

建筑行业也是一个服务行业，在建筑设计中的作品都有其固定的载体——人。而人的需求是多方面的，其不仅要求建筑的质量、舒适度的同时也要求建筑的美感。在人的大脑中天生对美有着特殊的关注度，正如所有人都喜欢欣赏美的东西，而杂乱无章的事物则容易令人生厌，这也是人的一种本能。美学在建筑设计中的要素有很多种，包括结构、文化、序列、色彩等，一个好的建筑设计作品需要保证所有的设计要素都能够得到优化，这也是美学的重要属性之一。

一、建筑设计美学的概述

建筑设计美学可以说是伴随着建筑的出现而诞生的，而随着建筑形式的发展，建筑设计美学也经过了茅屋到大厦的转变。建筑设计的每一个发展和转折都是以当时的社会物质为基础的。但是建筑设计美学则过多地加入了人的意识和创作。建筑艺术美、形式美等不是仅凭虚无的想象形成的，其需要结合建筑的技术、结构、材料以及构造等多方面的因素，这也是人类思想发展的结果。通过大量的历史建筑发展和建筑设计美学的发展来看，建筑设计美并不是客观存在的，其中还掺杂着很多主观思想。具体来说，在建筑设计中材料、结构以及建筑的具体构造等问题可以划分到客观的范围，而人的心理、智慧以及审美观念等则是主观的范围。客观的部分是建筑设计美的条件，主观的部分则是建筑设计美产生的动因。

从建筑设计美学的划分来看，可以将其分为广义的美学和狭义的美学，其中广义的建筑设计美学指的是在更广阔的时空背景中去定义和研究建筑设计的美感，其不仅是建筑自身的美，同时也包括周围的环境甚至是整个城市；狭义的建筑设计美则主要指的是建筑自身的美，包括造型、装饰、构造等。狭义的建筑设计美学主要研究的是单体建筑的造型美以及艺术特点，而广义的建筑设计美学则更注重建筑与周围环境的融入性，包括城市的区域、街道等。我国对建筑设计的美可以分为两个层次，分别为建筑形式的美和艺术美，形式美是建筑形式的审美特点，而艺术美则是在审美中融入了艺术性和思想性。

二、建筑设计美学的意义

（一）建筑设计美学能够体现政治文化经济特点

不同的时代其建筑呈现的特点也不同，而建筑设计的形态与当代的审美有直接的关系，同时建筑设计美学又关系着当代的政治、文化以及经济等社会因素。建筑设计美学的价值体现在对建筑的审美上，通过对建筑物或者一个建筑群的审美分析能够体现出建筑物生活的家庭或者当时时代的政治、文化以及经济情况。可以说建筑凝固着历史，是历史的见证。最简单的例子就是巴黎的埃菲尔铁塔以及阿姆斯特丹的原子塔，从这两个建筑上就能够看到工业时代以及原子时代的缩影。

（二）建筑设计美学能够体现社会科技以及审美取向

不同的时代其科技的进步情况、建筑能力等都能够从当代的建筑物上体现出来。因此通过对建筑物或者建筑群的审美分析，也能够分析出当代社会的科技情况、建筑能力以及创新能力等。科技的发展和创新能力的提升是体现美和创造美的动力，因此通过对建筑设计美学的分析能够反映出社会的科技、审美以及创新等多方面的状态。

（三）建筑设计美体现出建筑的使用价值

建筑设计美学中也能够体现出建筑的使用价值，如果一个建筑的外形、构造、装饰等都非常完美，但是却缺乏实用性，那么美就无从谈起，所以说建筑的实用性也是体现美和评价美的一项重要因素，建筑的实用性体现出建筑美的价值，同时建筑美也能够体现出建筑的实用性，二者相辅相成。

三、目前建筑设计的美学特点

（一）比较注重形式美

从某种程度上看，建筑是一种载体，而美感是通过视觉对建筑的感受。我国古代的建筑物，基本上都是按照一些原理进行设计的，包括均衡、序列、节奏、韵律、比例和尺寸等特点。随着生产力的提升和美学的发展，现代化建筑设计更加注重功能的使用和与环境的协调，并实施无中心的自由化格局设计，在建筑各个部分的设计时比较注重对称、结构相互呼应。一般情况下，建筑设计的形式是不变的，可变的是符号。

（二）比较注重建筑的功能

建筑物最大的价值是其功能，所以在设计时更应该注重建筑的功能。假如在设计建筑物时，不仅要考量到建筑物内部的空间体型，还需要对平面布置和功能进行全面的优化，确保建筑的功能满足当下的需求，这样的设计才能最大化发挥出建筑的价值。

（三）比较注重“以人为本”

所有的建筑都是为了满足人类文明发展而设计的，所以无论是建筑美学，还是建筑设计，都应该创造一个富有人性和美感的社会环境，因此在建筑设计时，更应该注重以人为本，注重社会和生态环境的可持续发展，这样一来以人为本才是当下建筑美学的发展主流，在建筑设计时更应该加强对人文的研究，并融合到建筑设计中。

四、建筑设计中的美学观点

（一）对称

从古至今，对称一直存在建筑美学中，不仅是一个基本原理，更是美学思想的重要内容，且符合朴素的、古典的审美规范。建筑设计只有满足对称的需求，才会给人一种美感，使观赏者感觉到安全感和舒适感，满足心理上的需求。不仅我国古代建筑中体现对称美学观点，而且在欧洲地区的古典建筑物中，同样体现了对称美学观点。另外对称是相对的，并非是绝对的，有的对称只是相似均匀，通过对称的方式来满足人的视觉感觉，给人一种安定的感觉；有的对称是绝对的对称，基本上一样，在古典建筑中比较常见，给人一种庄严肃穆的感觉。

（二）比例

比例是一种规则，也是一组规则体系。在建筑设计时，通过一定的比例获取对应的规模和量度，并计算出具体建筑物的尺度和形式。那么在建筑设计时，就应该根据建筑的整体结构和布局，建立一组对应的数学关系。这种建筑比例在上世纪中期，得到了广泛应用，其中柱式理论是最为典型的，通过把建筑的各个结构的结合和完整的体系相互结合，从而得到具体的数学关系，然后根据数学关系进行建筑设计，最后以外观的形式表现出整体比例的和谐性。

（三）韵律

韵律的美学观点通常情况下，不仅要注重韵律的形式，还需要体现在秩序的布局中。在建筑设计时，可通过增加墙面或者是门窗的方式，来增加整个建筑的韵律感。建筑设计中的美学观点的韵律可以体现在构件间的重复，或者是设计构图的重复，同样也可以体现在建筑空间的处理上，都可以增加建筑的韵律感。建筑设计的韵律不仅是空间艺术，更是时间艺术，可根据实际情况进行紧凑布局和宽松布局，都能充分体现出其中的韵律美。

（四）秩序

建筑美学不仅仅包括比例、对称和韵律，还包括秩序，秩序在建筑美学中占据非常重要的地位，是艺术的综合体。在建筑美学中，秩序的特点和原理在建筑设计中得到充分的体现，更是建筑设计实现建筑美感的重要基础和前提。建筑设计不仅要考虑到建筑局部设置的合理性，而且还需要对建筑的整体进行完美的划分，目的是为了把建筑的结构和功能之间建立一种秩序，在建筑上实现建筑美学的需求。

第二节　中西方建筑设计美学的比较

结合当前社会大众的整体审美追求和认知来看，在对设计美学本质的理解上中西方存在较大差别，我们通过实践走出去感受不同的世界建筑，民族风情，人文生活，更多体现的是对世界文化的诠释，是对世界建筑及室内设计的理解，中国与欧洲的建筑观念，从来就是有区别的，古代中国的建筑，上至帝王宫殿的琼楼玉宇、下至四处可见的普通居民，时光流逝到今天，中西建筑有了一个很大的交集。现代建筑以钢筋混凝土结构以及钢结构为代表，既有石头般的坚固，又有木头般的易于加工，既有东方模块化复制又能实现西方的永恒意义，中国和欧洲在建筑技术上看似已经统一，但实际上它们之间的差异不是这短时间可以弥合的，在内心深处，中国建设者追求的还是速度，欧洲建设者讲究的还是永恒。

设计美学研究范围和具体应用等都有别于传统的，下面从设计美学的基本构成要素，形式美，功能美，技术美和材料美中去比较研究中西方建筑在设计美学中的不同之处。

一、形式美

形式美是人类在创造美的形式，美的过程中对美的形式规律的经验总结和抽象概括。主要包括对称均衡、单纯齐一、调和对比、比例、节奏韵律和变化统一。（在变化中求统一，在统一中求变化是设计审美的规范之一，也是和谐的本质内容，设计艺术中复杂的结构形式，多样的组合要素，必会形成对立的冲突。）

下面是具有形式美的构成要素的中西方具体作品比较研究：清代大院 –(乔家大院 · 丁村民居) 与欧式建筑 –（布莱尼姆宫）对比。

（一）两种建筑概述

乔家大院，乔家堡是祁县乔氏家族建造的巨大堡垒式建筑群，被公认为陕西省堡式名居的杰出代表。乔家大院由乔贵发始建于 1755 年，经过 19 世纪中叶和 20 世纪初的两次大规模矿建，总占地 10642 平方米，建筑面积 4175 平方米。在形式上对称均衡，单纯齐一，在变化中求统一，显得气势宏伟，威严高大。三字观全院布局严谨，设计精巧，俯视成“囍”字型，建筑考究，砖瓦磨合，精工细做，斗拱飞檐，彩饰金装，砖石木雕，工艺精湛，充分彰显了我国劳动人民高超的建筑工艺水平，被专家学者誉为：“北方民居建筑史上一颗璀璨的明珠”，因此素有“皇家有故宫民宅看乔家”之说，名扬三晋，相遇誉海内外。

布莱尼姆宫是一个巨大的欧式建筑位于伍德斯托克，是英国园林的经典之作。布莱尼姆宫的主体建筑由两层主楼和两翼的庭院组成，于 1705 年开始施工，由一个长方形的中央主体建筑和两边的庭院建筑组成，三组建筑群合抱着一个大庭院，整个布莱尼姆宫占地 2100 英亩，相当 8.5 平方公里，布莱尼姆宫的园林成就不仅仅在于西方园林的大集合，而在于借助他们的智慧和独特的审美情绪，外观混合了克林斯式的柱廊，巴洛克式的塔楼，高高隆起的三角臂形成错落有致的正立面线条，将田园景色园林和庭院融为一体，显示出卓越超群的风范。

（二）两种建筑形式美上的表现

在清代大院（乔家院）建筑中运用了变化手法，变化有大的风格变化，也有小的具体造型元素形态性格变化。大门进去成中国古典“囍”字型分布形成了对称性，道路的石头材料上控制了主体基调，独立又统一，庄严又宏伟，用各种形式使要素之统一协调的艺术效果。

在欧式建筑（布莱尼姆宫）在形式美上运用了对称均衡，单纯齐一对比、体现出形式美，多样的组合要素和结构形式在基调上只有一个主要的基本特征，主要运动方向形态特征，运用抽象表现主义形式的第一列，在形式上都围绕着主调性进行设计，整合这样才能达到效果。

二、功能美

功能美包括实用功能，使用功能，认知功能和审美功能。

（一）北方窑洞与韩式的传统建筑对比

北方窑洞、地下居民主要位于河南省，陕西省，山西省等中国北部和西部，广阔的黄土高原从山西省、河南省一直绵延至陕西省、甘肃省。在这里，一座座被称为地下住宅，覆土建筑的窑洞成为约四千万当地人选用的民居形式。窑洞简称“窑”，虽然字面意思指黄土中挖出的洞穴，但模仿洞穴在地面上砌筑的砖石、土坯建筑也可以算是窑洞的一种，黄土（loessial soil 或 loess），作为一种粉粒状粉尘。随着肆虐千年的西北风，从戈壁滩沙漠和蒙古高原吹拂至崎岖起伏，半干旱的黄河中游地区，逐渐堆积成高达 50-200 米的土层。由于其他资源匮乏，特殊的物理化学性质导致黄土成为这个地区建筑材料的首选,其特点是冬暖夏凉,外表美观。

韩式的传统建筑。一般都比较低矮,韩国的冬天漫长,寒冷,楼层建筑显得低矮,有利于保温,韩国旧式的房屋也讲究四平八稳,并且与地面离开一段距离,这是为了防潮和烧地暖。主体的支架都是采用又粗又结实的上等木材,墙体则根据年代的不同,人民各有喜好,既有最传统的黄木白墙,也有红砖墙的,一般来说。20 世纪 60-70 年代多采用红色砖墙体,结合院落中四季长春的高大红松,秋季极致辉煌的银杏和绚烂如火般的枫树高低错落有致,白墙黑瓦中呈现五彩斑斓,美不胜收的清暖洲是一个值得学习和深思的案例。

(二)两种建筑功能美上的表现

1. 在使用功能上

北方窑洞窑洞具有气候干燥少雨,冬季寒冷,木材较少等自然状况。不仅冬暖夏凉而且十分经济,不需要木材的窑洞。韩式的传统建筑区分两种房层的最大特征是房顶,即采用瓦还是稻草建成的房顶。

2. 在审美功能上

北方窑洞窑洞从建筑的布局结构式上划分可归纳为靠岸式下沉式和独立式三种形式,韩式的传统建筑在各类传统建筑的营造过程中,往往就形成了一种清晰、宁静、平和的氛围,以及谦和而内敛的环境意象。

三、造型美

造型美包括形态美与色彩美,典型案列的对比如下:

(一)北京四合院民居-梅兰芳故居与法国建筑卢浮宫

1. 北京四合院民居——梅兰芳故居

在北京成为最著名的中国民居类型非四合院莫属。这种由一座式多座院落构成,四周由单层建筑围合,每座建筑仅朝向内院开设门窗的四方形院落式建筑至少从西周时期(公元前 1046—前 771)开始,就已经是中国民居、宫殿、寺观的常规形式。它们作为基本单元,拼合出中国文化北方特有的方格网状城市肌理。紫禁城作为帝国的心脏,西侧轴线的北端是皇帝,后妃及其他亲眷的寝殿区,在这里,高墙围合,尺寸适宜的院落占据了紫荆城西北角的四分之一区域,虽然这些相互连通的建筑均装饰有昂贵的木材,华丽的色彩,摆设有精致的家具,但它们的平面布局和建筑结构实则与四合院无异。

2. 卢浮宫是世界上最古老、最大、最著名的博物馆之一位于法国巴黎,市中心的塞纳河北岸(右岸),始建于 1204 年经历 8000 多年·扩建,重修达到今天的规模。卢浮宫占地面积(含草坪)约为 198 公顷,建筑物占地面积为 4.8 公顷全长 680 米。它的整体建筑呈“U”形,分为新、老两部分。老的建于路易十四时期,新的建于拿破仑时代,宫前的金字塔形玻璃入口,是华人建筑大师贝律铭设计的。

（二）两种建筑造型美学上的表现

1. 在形态美中

梅兰芳故居当一个人从外部走向内部时，空间的私密性不断增强，运用手法凸出形态上的美。法国建筑卢浮宫一个长达3000米的华丽走廊,走廊非常长,甚至可以在走廊中骑着马追捕狐狸。

2. 在色彩美中

梅兰芳故居与街上的入口大门不同，垂花门通常由昂贵的木构与繁复的装饰堆叠而成，极尽奢华之能事。法国建筑卢浮宫整个建筑是一座只在地面上露出玻璃金字塔形成采光井的地下宫，在建筑中借用古埃及的金字塔造型，可以反映巴黎不断变化的天空,达到色彩视觉冲击。

四、、材料美

材料美包括：肌理美和木质美,运用石材,木材,屋顶造型与轮廓,陶瓦、环境意识相结构构造美的建筑。典型的对比如下：

（一）江南水乡民居-长江三角洲地区与阿尔贝多贝洛-意大利

1. 江南即长江以南地区

无数条运河在这里纵横交错。这些运河沿岸除了拥有中国最富庶的城市之外，还是星罗棋布地点缀着许多树落和水镇。园林式居民代表了江南最精致的居民建筑类型，文人园林或者笼统地称为中国古典园林在规模庞大的建筑群中布置有各种类型的建筑、山石、水体、植物、但多数园它通过宿移自然的方式能够在一个相对较小的空间内各种美学元素的互补，江南潮湿的气候使通风格外重要，因此江南的住宅常于建筑与围墙之间留不超过1米的间隙,用来通风采光,效果颇好。一般大的住宅可有两到三条平行的轴线。

2. 阿尔贝多贝洛地区原是自然条件最优美的不主之地，最早的石屋可追溯至12世纪，16世纪开始，越来越多逃避天灾人祸的难民逃到这里，就地取材用灰碳建成典型的陶尔利风格建筑，是民居利用方形石灰岩块的房舍，坚固干燥，冬暖夏凉，发展至今，一些豪华的陶尔利石屋已成楼房，楼下是客厅，卧室，厨房，工具室楼上阁楼是粮仓，织布间,圆形的自持圆顶由重叠的石圈组成最简单最坚固的结构,被称为“trulli 假圆顶”的半圆顶或秸秆制成的半圆锥形屋顶上装饰着标志性的尖顶。

（二）两种建筑材料美上的表现

1. 在肌理美中

江南水乡民居匠人心灵手巧，利用多变的地形，与之相映成趣，形成了江南民居独特风味。阿尔贝多贝洛地区屋顶有心形，鸟形等装饰，高高的石烟图饰以公鸡风向标，高低错落有肌理美的味道。

2. 在材质美中

江南水乡民居不论建筑规模大小，都体现出的就是雕刻装饰极为繁多，却极少彩画，墙用白瓦青灰，或橙红色等显得绚丽色彩十分淡雅。阿尔贝多贝洛地区利用石灰岩块围成无柱无梁的圆形房舍，再用片状岩片向上堆砌，每片逐步收窄封顶，装饰上让人身临其境，感觉像置身于童话世界一般。

通过中西方建筑在设计美学方面的表现研究得出，美式风格的清新式欧式，宫廷风格的富丽，都别有风致或古朴或典雅，相辅相成，贴着属于欧洲人保持了多年的表情，而东方神韵原本并不复杂的美好，在漫长的历史蔓延中积累了岁月给与的底色，天国地方的淳朴，粉墙黛瓦的清丽，不管在帝王将相行宫别院还是在普通百姓的门楣檐角呈现渗入骨髓般的浑然天成。

第三节　当代建筑设计的美学审视与实施

现代的社会发展越来越快，人们的物质生活也越来越高，对生活的环境要求也越来越高，尤其是居家住宅和办公建筑以及公共建筑的审美眼光也越来越高，这就表明需要从事建筑设计的人要设计出令人满意的建筑业越来越难。但是，很多的伟大建筑师总是能够满足人们越来越高的眼光的，归根结底就是建筑大师在建筑美学上都有很高的造诣，他们能够在设计建筑之初就将想要的设计在脑海中形成初步的草稿，并通过对建筑美学的设计将之呈现在图纸之上。总的来说就是建筑美学在其中起到了关键的作用。

一、新时期绿色背景下的建筑设计审美

在某种意义上，绿色建筑设计是生态美学在建筑设计方面的实践，是生态美的实际存在。绿色建筑设计，在建筑物的使用寿命之内，要最大限度的节约资源，如土地资源，水资源，森林资源等等，同时要保护环境，降低污染，充分利用空间资源，为人类提供健康，并与自然和谐共生的建筑设计。绿色建筑要求建筑的设计要最大限度的与自然和谐，在满足使用者的要求的同时，更加注重保护生态环境最大化地实现生态效益，并且要求可持续发展。对于绿色建筑的美学审美要求，已经超越了传统的建筑造型和建筑形式的范畴，更加注重实用性和生态效果，只有使用者有了生态意识，取得了生态效果，才算是完成了审美过程，真正的感受到生态美。从建筑设计的使用寿命来看，绿色化建筑是需要经受住时间的考验的，不管是在建筑环节还是使用环节，亦或是拆除，绿色建筑的审美往往是有阶段限制的这种观念也是要感受自然界生命万物的生息往复的。

绿色建筑结合了技术与艺术的美，同时也心系着谋求未来的发展和永久的和谐，想

象着顺应自然法则的同时积极地改造自然。所以说，绿色建筑的审美是按照生态环保，和谐未来等原则建造的。绿色建筑的设计要求是，建筑的使用年限之内，对周边环境产生尽可能少的影响，应用各种技术节约资源，保护环境。在绿色生态之下，生态美就是绿色的建造设计在美学方面追求的终极目标。

二、当代建筑设计的统一性与协调性

（一）建筑外形的统一

在建筑设计的时候，建筑师要思考建筑和周围的环境关系，经过细察部分细节，和对周围环境的实地查看。确立建筑的设计风格，从而使得达到美学的要求。在查看时这就需要建筑师有充足的美学知识来进行筛选，把最符合现在环境的原因摆列出来，此中的首要原因便是要保证新建建筑物要符合周围环境，使之与周围环境结合在一起。所以,在设计建筑时第一要注意建筑和周围的环境要协调统一。

（二）建筑设计的主从关系设计

各层次的建筑的设计都要在设计上在与周围环境相互协调的状况下，还有突出设计建筑的特征，需要在建筑的外形突出建筑的特色，形成建筑上的亮点。这就必须要求咱们的建筑设计师要从建筑的设计上要把握建筑和周围环境的关系，经过对周围环境的细察，按照一定的层次把本身所必要设计的元素融合进去，在整个的建筑设计需要有十分好的层次观，把握建筑和周围环境的主从关系，唯有这样才气设计出既符合美学又实际的建筑,还能拥有鲜明特征的建筑。

（三）经过建筑色彩实现设计统

每一幢建筑物都有它自身的独特气质，能够做到这一点的只有美学中的色彩设计能够实现，为了保证建筑凸显出这种独特的气质，这就需要建筑设计师要能将色彩运用到极致，在不破坏周围环境的情况下，通过对色彩的运用，将建筑物与周围的环境统一协调起来。因此，在建筑的材质和外观色彩的选择上就要小心谨慎，要在建筑物的设计上通过色彩的变换，形成一种旗帜鲜明的特点，但又不破坏美感，只有通过对色彩的掌控才能做到这一点。

三、均衡稳定性

（一）房屋建筑设计中的均衡设计

建筑师在进行设计的时候一定要在设计中注意建筑的层次的设计管理，通过对建筑物的设计使建筑的各个部分均衡，做到层次清晰，在色彩的选择上使之富有变化，使建筑的各个部位的的搭配上均衡，只有得当的均衡设计才能保证建筑的美感。通过建筑的设计中的均衡设计就可以突出建筑的特色和主题，也使建筑本身更加的形象和立体，给人一种强烈的美感。因此，建筑师要在建筑的设计过程中要掌握好均衡设计，才能达到最好的效果。

（二）对称均衡

在建筑的设计的时候，很多的建筑设计师都会使用对称均衡的设计，这样设计出的建筑，能够带给人一种简洁、合理的感觉。其实在建筑物的设计采用对称均衡是建筑师在技巧应用方面最好的体现，通过对称均衡的设计，很容易给人一种左右对称平衡的感觉，这样的设计可以彰显出建筑的大气和中正，给人一种坚实可靠的感觉。

（三）不对称或不规则房屋建筑的均衡设计

在建筑进行设计的时候，有些时候给建筑师的地方并不是很理想，在此基础上建筑师往往要别出心裁，设计出既符合人们的审美观的建筑，还要有很强的实用性，这就需要建筑师要合理的使用不对称和不规则建筑均衡设计，通过不对称或不规则的建筑设计使用使建筑达到合理均衡。

（四）房屋建筑的稳定性设计

建筑最基本的要求就是要有实用性。因此，在对建筑进行设计的时候要注意建筑的稳定性，一般的建筑都是下大上小，通过这样的设计就可以很好的给建筑物起到稳定的作用。

四、房屋建筑中的布局设计

在建筑的设计中对建筑的房间的设计也是一门很深的学问，房屋的设计不单单决定了建筑的实用性，也决定了建筑的内在美观。在进行建筑的内部设计的时候要保证设计出的房屋符合人们的使用习惯，同时也要考虑建筑美学。其实建筑内的房屋的设计是考验建筑师对建筑内部空间的一种掌控能力，太高或者太低都会带给一种空旷或者压抑的感觉。因此，做一名合格建筑师要在空间的控制上精准把握，在进行设计的时候要多方位，全方面的考察，从各个角度都要照顾到，才能使设计出的建筑既坚固又美观。

第四节　现代建筑设计中美学思想的表现方式

在经济水平不断提高的背景下，人们对建筑环境的质量、美观性、舒适性等方面的要求不断提升，本文介绍了美学思想融入现代建筑设计中的要求及其表现方式，以期通过将美学思想与现代建筑设计有效融合的方式，在切实提升当前建筑美感的同时，为城市的美化提供助力，希望能够给读者带来启发。

一、美学思想融入现代建筑设计中的要求

（一）提升现代建筑设计的和谐性

在现代建筑设计过程中，美学思想的融入主要可以分为狭义、广义两部分内容，其中狭义的建筑美，指的是房屋建筑的美观性，即建筑造型、装饰的美观性。比方说，在现代建筑工程设计过程中，设计人员会通过对建筑层次、色彩、材料、形状等方面进行控制的方法，以此来提升建筑的美感；广义的建筑美则是指将建筑放置在周边环境、特定时空背景下，对其美观性进行研究，使得建筑的美感突破自身走向整体。举例来说，由贝聿铭团队设计完成的苏州博物馆在设计建造过程中，就将美学思想融入现代建筑设计施工当中，使得建筑在坚守苏州古文化传统人文关怀的同时，其造型设计还兼具现代机械化时代对建筑工程的需要，跨越了建筑个体美观性的局限，为现代建筑设计的美学发展提供了有效的参照。需要注意的是，在现代化建筑设计过程中，设计人员应尽量保证建筑工程及其周边环境在大体上的协调性与统一性，而不应为了追求建筑的美感，而忽视了建筑周边的文化环境，导致建筑设计施工完成后，出现建筑过于突兀，与其周边环境产生割裂感，从而出现影响建筑及当地整体环境美观性的情况。

（二）提升建筑与环境的和谐

在当前的社会发展过程中，建筑工程的设计施工不仅仅需要满足人们的生理与心理需要，还应当对人与自然、人与人等方面的关系加以协调。具体来说，在社会经济飞速发展的背景下，人们的生活压力不断增强，为更好地缓和人们的生理、心理压力，在进行现代建筑工程设计时，可以通过布置花园、建设天井等方式，将自然之美与建筑设计美观性进行融合，为人们提供一个可以放松身心的休息空间。举例来说，在一个江南水乡小镇，建筑大多为二层、三层木质结构，此时设计建设高度为二三十层的现代化高楼大厦，即使大厦建筑美学符合当前人们的美学感官体验要求，但这一设计仍属于较为失败的建筑工程设计方案。

（三）保证建筑的基本功能

在现代建筑工程设计过程中，美学思想的融入前提是保证建筑实用性、安全性。具体来说，现代建筑设计施工的最根本目的是满足人们的工作生活需要，在当前建筑工程的设计过程中，设计人员应避免因过分追求建筑造型美观性而导致建筑内部空间实用性、整体安全性出现问题的情况。举例来说，在进行某倒“凹”形居住建筑设计时，建筑师过分追求建筑造型的美观性，为满足“凹”性部分的安全性要求，建筑内部承重墙数量较多，并且分布较为凌乱，给位于该部分的居住者带来了极为不利的居住体验。现阶段，为切实降低上述问题产生的不利影响，在当前的建筑工程设计过程中，设计人员应尽量提升美学思想融入于建筑工程本体、客体、受体等部分的和谐性。

二、美学思想在建筑设计中的表现方式

在现代建筑设计过程中，美学思想的表现方式主要可以从以下几方面进行表现。

（一）融入以人为本的设计理念

人是现代建筑的主要使用者，因此在设计现代建筑时，应融入以人为本的设计理念，使设计的现代建筑既符合美学思想，又可满足人们对建筑的需求。以人为本的设计理念具体表现为满足人的审美、符合人的需求以及适用于人类的生活环境，充分体现传统建筑美学中“人本主义”的理念。因此在设计现代建筑时，应遵循以下原则融入以人为本的设计理念。第一，了解现代人对建筑的审美标准，以此为基础设计现代建筑，使其满足人的审美需求。第二，设计现代建筑时应充分考虑人对建筑的需求，保证设计的现代建筑具备人使用该建筑时需要的功能。第三，现代建筑设计风格应与建筑物周边环境相符合，使其较好融入环境之中，与人的生活环境相符合。在设计中融入以人为本的设计理念是体现美学思想的一种方式，可使设计出的建筑物既具有实际效用又符合人的各种需求。融入以人为本的设计理念后，现代建筑设计方案应同时对建筑场所与建筑景观进行设计，提高场所与景观的匹配度，充分体现现代建筑设计中的美学思想。除此之外，融入以人为本的设计理念还可在设计中体现人类对人性化建筑的需求，在现代建筑设计中体现区域文化特色也是融入以人为本设计理念的一种体现方式，同时可彰显现代建筑中的美学思想，满足于人类对建筑的多样化审美，使现代建筑具有较强的美学价值。

（二）融入生态元素的建筑设计

随着时代的发展，人类对生态环境重视程度的提高，因此现代建筑设计也将生态元素融入建筑设计，使现代建筑设计可表现美学思想。目前地球生态环境破坏严重，人类逐渐认识到生态环境对生活质量的影响，开始重视生态环境保护。在建筑设计中融入生态元素可实现人与生态共同发展的目标，同时可使美学思想与现代建筑设计充分结合。在设计现代建筑时采取以下方式融入环保元素，保护生态的同时提升建筑的美学价值。第一，结合环保材料的特性设计现代建筑，最大限度降低建筑对周边环境的不利影响，充分发挥可再生资源在现代建筑设计中的作用。第二，设计现代建筑时充分考虑建筑的采光与通风的情况，提升建筑可再生资源的利用率，降低不必要的能耗并减轻生态污染程度。第三，重视建筑区域内的景观设计，结合建筑的实际情况选择适宜的景观设计方案，在建筑周围营造出良好的生态环境，充分体现生态元素在建筑中的应用价值，提升建筑使用者的使用体验。第四，现代建筑景观设计应与周边生态环境相适应，以此使建筑体现地方生态环境特点，提高现代建筑的个性化。在建筑中融入生态元素是美学思想在建筑设计中的主要体现方式，应作为现代建筑设计的基本原则，既能够保护建筑地周边原有生态环境，又可使现代建筑具有较强的美学价值，充分体现了现代建筑设计中的美学思想。

（三）美学思想融合的协调统一

在建筑设计中，统一协调性是一种重要的艺术表现，通过协调统一的表现手法，可以使建筑更具艺术美感。在当代建筑中，对于房屋的艺术设计呈现多样化的发展趋势，但是在发展中，始终秉承着在统一的步调上保持个性化发展，从而形成极具特色的现代化建筑。对于建筑美学的统一主要体现在建筑外形以及色彩的统一上。对于建筑外形上的统一，虽然中西方建筑具有很强的差异性，但是如果将眼光扩大到整座城市，就可以发现，在现代建筑中，城市的建筑呈现整体上的相似性。并且在统一的整体规划中，融入了具有地方发展特色的艺术表现形式，从而使建筑本身在统一的前提下，又具有个性化的美感。对于建筑色彩，在房屋建筑中，色彩的统一与协调与建筑材料的选择具有很强联系。在建筑中，色彩的选择必须符合审美规律。色彩的设计需要遵循多方面的考量，对于建筑的环境、地理位置、区域风俗等都要进行调查，并在建筑设计中将这些元素适当展现，不可脱离了环境本身。因此，建筑设计必须符合审美规律，确保建筑的风格与色彩符合当地文化特色，并与建筑周围的自然景观相协调。在整体的色彩应用上既要保证“大同”，又要存在“小异”，因为倘若建筑风格一成不变也就失去了灵魂，更无法做到因地制宜。因此，对于建筑设计中的色彩选择与搭配，需要根据具体情况做出作为合理的应用，努力打造和谐美观、整齐有序的建筑空间形态。

（四）体现美学思想的均匀稳定性

在现代化建筑设计中，需要结合建筑层次、材料、颜色等多种因素，将建筑美感符合大众需求，并且具有鲜明的个性化表现，使大众感受到不同风格的建筑美学。因此，在建筑设计中，需要科学的设计建筑的层次以及建筑的搭配，以此实现房屋建筑的发展均衡与稳定。对于对称房屋，需要找到中心点，如果房屋结构复杂，房屋建筑的均衡中心往往很难从外观上体现。而成功的房屋建筑设计，可以在房屋的设计过程中，自然而然的凸显建筑均衡点，以此实现对人们的自然引导，并将房屋建筑的均衡点以及设计美感进行展现，我国的建筑属于中式建筑，而中式建筑的建筑风格大多采用对称设计，如中式皇家建筑，以中轴为基础，将复杂的建筑结构进行对称式展现，从而给人们一种对称完美、鳞次栉比的视觉美感。对于不规则房屋或者不具有对称性的房屋设计，需要灵活掌握房屋特征，即便房屋中心不对称，但是需要从平等的建筑美学角度去观察，从而寻找不对称建筑的均衡，并通过杠杆平衡原理，引导人们过渡到房屋建筑的中心。我们需要注意的是，房屋建筑的不对称设计需要凸显出建筑的个性化与不同风格，无论是内部结构，或者外观，都能呈现出多样化的独特美感。

（五）用生态环境体现美学思想

传统美学思想对“天人合一”理论有着极高的重视度，在绿色低碳城市的建设过程中，将人与自然和谐发展的理念融入现代建筑工程的设计工作中，不仅能够对我国传统优秀美学文化加以延续，还能为当前可持续发展理念的完善提供支持。具体来说，在当前建筑设计过程中，设计人员可以将实用、安全、环保、耐久作为设计方案制定的基础，通过对资源环境的呵护、节约与合理利用，实现建筑环保意识的体现。首先，在进行建筑设计时，设计人员应在明确当地建筑环境、文化历史、生态环境资源等信息的基础上，尽量选择绿色环保的建材。举例来说，在一些沿海地区，在进行房屋建筑的过程中，人们会用牡蛎壳进行墙体的建造，这种建筑工程的施工方式不仅做到了废物利用，使得建筑墙体有了冬暖夏凉的特点，还有效提升了墙体的美观性。其次，大部分传统建筑内部光源主要为自然光，而在现代建筑中，受高层建筑密度相对较大、建筑内部纵深较大等情况的影响，自然光往往无法有效满足建筑工程的实际需要，此时在房屋建筑使用过程中，往往离不开人工照明，这种情况的出现不仅在一定程度上增大了我国电网系统电力资源供应的压力，为此还产生了光污染。现阶段，为切实解决上述问题，在建筑工程设计施工过程中，可以通过天井、透明隔断等设计方式，在突出建筑审美韵律的基础上，营造强烈的光影效果，实现自然光源的有效利用，在提升建筑工程美观性的同时，降低光污染的出现概率，从而为人与自然的和谐共处提供支持。最后，在现代建筑工程施工中，为进一步我的提高建筑工程的美观性，可以通过自然植物、人工植物造景等方式，将建筑与自然进行有效的融合，在突出建筑美感的基础上，实现城市环境内绿色植被面积的增加，为低碳社会的发展提供支持。

总而言之，在当前建筑材料、施工技术不断优化发展的背景下，为了推动现代化建筑整体的健康可持续发展，对建筑工程的结构进行分析，在保证结构稳定性的同时，在建筑共性设计施工过程中，融入美学思想理念，使得建筑工程整体效果能够更好地满足当前人们对建筑的需要，为具有更高美感的现代化建筑群构建提供助力。

第五节　绿色建筑设计的美学思考

在以绿色与发展为主题的当今社会，随着我国经济的飞速发展，科技创新不断进步，在此影响下绿色建筑在我国得以全面发展贯彻，各类优秀的绿色建筑案例不断涌现，这给建筑设计领域也带来了一场革命。建筑作为一门凝固的艺术，其本身是以建筑的工程技术为基础的一种造型艺术。绿色技术对建筑造型的设计影响显著，希望本节这些总结归纳能够对从事建筑业的同行有所帮助和借鉴。

建筑是人类改造自然的产物，绿色建筑是建筑学发展到当前阶段人类对我们不断恶化的居住环境的回应。在绿色建筑的主题也是对建筑三要素“实用、经济、美观”的最好解答，基于此，对绿色建筑下的建筑形式美学展开研究分析，就显得十分的必要了。

一、绿色建筑设计的美学基本原则

“四节一环保”是绿色建筑概念最基本的要求，新的国家标准《绿色评价标准》更是在之前的基础上体现出了“以人为本”的设计理念。因此，对于绿色建筑的设计，首先要求我们要回归建筑学的最本质原则，建筑师要从“环境、功能、形式”三者的本质关系入手，建筑所表现的最终形式是对这三者的关系的最真实的反应。对于建筑美，从建筑诞生那刻起人类对建筑美的追求就从未停止，虽然不同时代，不同时期人们的审美有所不同，但美的法则是有其永恒的规律可遵循的。优秀的建筑作品无一例外的都遵循了“多样统一”的形式美原则，对于这些如：主从、对比、韵律、比例、尺度、均衡基本法则仍然是我们建筑审美的最基本原则。从建造角度来讲，建筑本身是和建筑材料密切相关的，整个建筑的历史，从某种意义来说也是一部建筑材料史，绿色建筑美的表现在于对其建筑材料本身特质与性能的真实体现。

二、绿色建筑设计的美学体现

生态美学。生态美属于是所有生命体和自然环境和谐发展的基础，其需要确保生态环境中的空气、水、植物、动物等众多元素协调统一，建筑师的规划设计需要满足自然规律的前提下来实现。我们都知道，中国传统民居就是在我国古代劳动人民不断的适应自然，改造自然的过程中，不断积累经验，利用本土建筑材料与长期积累的建造技艺来建造，最终形成一套具有浓郁地方特色的建筑体制。无论是北方的合院，江南的四水归堂，中西部的窑洞，西南地区的干阑式建筑无一例外都是适应当地自然环境气候特征、因地制宜的建造的结果，其本质体现了先民一种“天人合一”与自然和谐相处的哲学思想。现代生态建筑的先驱及最忠实践者的马来西亚建筑大师杨经文的实践作品为现代建筑的生态设计的提供了重要的方向。他认为“我们不需要采取措施来衡量生态建筑的美学标准。我认为，它应该看起来像一个‘生活’的东西，它可以改变、成长和自我修复，就像一个活的有机体，同时它看起来必须非常美丽”。

工艺美学。现代建筑起源于工艺美术运动，而最早有关科技美的思想，是一名德国的物理学家兼哲学家费希纳所提出的。建筑是建造艺术与材料艺术的统一体，其表现出的结构美，材料质感美都与工业、科技的发展进步密不可分。人类进入信息化社会以后，区别于以往单纯追求的技术精美，未来建筑会更加的智能化，科技感会更突出。这种科技美的出现虽然打破了过去对于自然美和艺术美的概念，但同时又为绿色建筑向更高端迈进提供了新的机会，与以往“被动式”绿色技术建造为主不同，未来的绿色建筑将更加的“主动”，从某种意义上来讲绿色建筑也会变的更加有机，自我调控修复的能力更强。

空间艺术。建筑从使用价值角度来讲，其本质的价值不在于其外部形式而在于内部空间本身。健康的舒适的室内空间环境是绿色建筑最基本的要求。不同地域不同气候特征下，建筑内部的空间特征就会有所区别，一般来说，严寒地区的室内空间封闭感比较强，炎热地区的空间就比较开敞通透。建筑内部对空间效果的追求要以有利于建筑节能，有利于室内获得良好通风与采光为前提。同时，室内空间的设计要能很好的回应外部的自然景观条件，能将外部景观引入的室内（对景、借景），从而形成美的空间视觉感受。

三、绿色建筑设计的美学设计要点

绿色建筑场地设计。绿色建筑对场地设计的要求我们在开发利用场地时，能保护场地内原有的自然水域、湿地、植被等，保持场地内生态系统与场外生态系统的连贯性。正所谓“人与天调，然后天下之美生。”意为只有将“人与天调”作为基础，进行全面的关注和重视，综合对于生态的重视，我们才能够完成可持续发展观，从而设计并展现出真正的美。这就要求我们在改造利用场地时，首先选址要合理，所选基地要适合于建筑的性质。在场地规划设计时，要结合场地自身的特点（地形地貌等），因地制宜的协调各种因素，最终形成比较理性的规划方案。建筑物的布局应要合理有序，功能分区明确，交通组织合理。真正与场地结合比较完美建筑就如同在场地中生长出来一般，如现代主义建筑大师赖特的代表作流水别墅就是建筑与地形完美结合的经典之作。

绿色建筑形体设计。基于绿色建筑下建筑的形态设计，建筑师应充分考虑建筑与周边自然环的联系，从环境入手来考虑建筑形态，建筑的风格应与城市、周边环境相协调。一般在“被动式”节能理念下，建筑的体型应该规整，控制好建筑表面积与其体积的比值（体型系数），才能节约能耗。对于高层建筑，风荷载是最主要的水平荷载。建筑体型要求能有效减弱水平风荷载的影响，这对节约建筑造价有着积极的意义。如上海金茂大厦、环球金融中心的体型处理就是非常优秀的案例。在气候影响下，严寒地区的建筑形态一般会比较厚重，而炎热地区的建筑形态则相对比较轻盈舒展。在场地地形高差比较复杂的条件下，建筑的形态更应结合场地地形来处理，以此来实现二者的融合。

绿色建筑外立面设计。绿色建筑要求建筑的外立面首先应该比较简洁，摒弃无用的装饰构件，这也符合现代建筑“少就是多”的美学理念。为了保证建筑节能，应在满足室内采光要求下，合理控制建筑物外立面开窗尺度。在建筑立面表现上，我们可通过结合遮阳设置一些水平构架或垂直构件，建筑立面的元素要有存在的实用功能。在此理念下，结合建筑美学原理，来组织各种建筑元素来体现建筑造型风格。在建材选择选择上，应积极选用绿色建材，建筑立面的表达要能充分表现材料本身的特质，如钢材的轻盈，混凝土的厚重及可塑性，玻璃反射与投射等等。在智能技术发展普及下，建筑的外立面就不是一旦建成就固定不变了，如今已实现了可控可调，建筑的立面可以与外部环境形成互动，丰富了建筑的立面视觉感观。如可根据太阳高度及方位的变化，可智能调节的遮阳板，可以“呼吸”的玻璃幕墙，立体绿化立面等等，这些都展现出了科技美与生态美理念。

绿色室内空间设计。在室内空间方面，首先绿色建筑提倡装修一体化设计，这可以缩短建筑工期，减少二次装修带来的建筑材料上的浪费。从建筑空间艺术角度，一体化设计更有利于建筑师对建筑室内外整体建筑效果地把控，有利于建筑空间氛围的营造，实现高品位的空间设计。从室内空间的舒适性方面，绿色建筑的室内空间要求能改善室内自然通风与自然采光条件。基于此，中庭空间无疑是最常用的建筑室内空间。结合建筑的朝向以及主要风向设置中庭，形成通风甬道。同时将外部自然光引入室内、利用烟囱的效应，有助于引进自然气流，置换优质的新鲜空气。中庭地面设置绿化、水池等景观，在提供视觉效果的同时，更有利于改造室内小气候。

绿色建筑景观设计。景观设计由于其所处国家及文化不同，设计思想差异很大，以古典园林为代表的中国传统景观思想讲究体现自然山水的自然美，而西方古典园林则是以表达几何美为主。在这两种哲学思想下，形成了现代景观设计的两条主线。绿色主题下的景观设计应该更重视建立良性循环的生态系统，体现自然元素和自然过程，减少人工痕迹。在绿化布局中，我们要改变过去单纯二维平面维度的布置思路，而应该提高绿容率，讲究立体绿化布置。在植物配置的选择上应以乡土树种为主，提倡“乔、灌、草”的科学搭配，提高整个绿地生态系统对基地人居环境质量的功能作用。

绿色建筑的发展打破了固有的建筑模式，给建筑行业注入了新的活力。伴随着人们对绿色建筑认识的提高，也会不断提升对于绿色建筑的审美能力。作为我们建筑师更应该提升个人修养，杜绝奇奇怪怪的建筑形式，创作符合大众审美的建筑作品。

参考文献

[1] 赵志勇 . 浅谈建筑电气工程施工中的漏电保护技术 [J]. 科技视界，2017(26)：74-75.

[2] 麻志铭 . 建筑电气工程施工中的漏电保护技术分析 [J]. 工程技术研究，2016(05)：39+59.

[3] 范姗姗 . 建筑电气工程施工管理及质量控制 [J]. 住宅与房地产，2016(15)：179.

[4] 王新宇 . 建筑电气工程施工中的漏电保护技术应用研究 [J]. 科技风，2017(17)：108.

[5] 李小军 . 关于建筑电气工程施工中的漏电保护技术探讨 [J]. 城市建筑，2016(14)：144.

[6] 李宏明 . 智能化技术在建筑电气工程中的应用研究 [J]. 绿色环保建材，2017(01)：132.

[7] 谢国明，杨其 . 浅析建筑电气工程智能化技术的应用现状及优化措施 [J]. 智能城市，2017（02）：96.

[8] 孙华建 . 论述建筑电气工程中智能化技术研究 [J]. 建筑知识，2017，(12).

[9] 王坤 . 建筑电气工程中智能化技术的运用研究 [J]. 机电信息，2017，(03).

[10] 沈万龙，王海成 . 建筑电气消防设计若干问题探讨 [J]. 科技资讯，2006(17).

[11] 林伟 . 建筑电气消防设计应该注意的问题探讨 [J]. 科技信息 (学术研究)，2008(09).

[12] 张晨光，吴春扬 . 建筑电气火灾原因分析及防范措施探讨 [J]. 科技创新导报，2009(36).

[13] 薛国峰 . 建筑中电气线路的火灾及其防范 [J]. 中国新技术新产品，2009(24).

[14] 陈永赞 . 浅谈商场电气防火 [J]. 云南消防，2003(11).

[15] 周韵 . 生产调度中心的建筑节能与智能化设计分析——以南方某通信生产调度中心大楼为例 [J]. 通讯世界，2019，26(8)：54-55.

[16] 杨吴寒，葛运，刘楚婕，张启菊 . 夏热冬冷地区智能化建筑外遮阳技术探究——以南京市为例 [J]. 绿色科技，2019，22(12)：213-215.

[17] 郑玉婷 . 装配式建筑可持续发展评价研究 [D]. 西安：西安建筑科技大学，2018.

[18] 王存震 . 建筑智能化系统集成研究设计与实现 [J]. 河南建材, 2016（1）: 109-110.

[19] 焦树志 . 建筑智能化系统集成研究设计与实现 [J]. 工业设计,2016（2）: 63-64.

[20] 陈明,应丹红 . 智能建筑系统集成的设计与实现 [J]. 智能建筑与城市信息,2014（7）: 70-72.